ワンダー・ラボラトリ

泡のざわめき

田中 幸・結城千代子

西岡千晶 絵

太郎次郎社エディタス

目次

行く川のながれは絶えずして、しかも本《もと》の水にあらず。
よどみに浮《うか》ぶうたかたは、かつ消えかつ結びて久しくとゞまることなし。

――鴨長明《かものちょうめい》（『方丈記』）

はじめに

泡《あわ》の話をしようと思ったきっかけは、コーヒーにあります。わたしは毎朝、コーヒーを豆から挽《ひ》いて粉にし、紙のフィルターを使ってドリップ式で淹《い》れています。コーヒーの粉にお湯を注ぐと、お湯が落ちるのに多少の時間がかかります。

粉の上にふんわり立った泡を眺《なが》めていたら、この泡は、どうしてできるのだろう？泡なのだから、中身は気体のはずだけど、どんな気体なのだろう？と、疑問が浮《う》かんできたのです。そこで、コーヒーの泡とおいしさには関係があると聞いたことを思い出しました。

ほかにも、ビールやエスプレッソのように泡そのものを楽しむ飲みものや、お菓子《かし》づくりのときの卵白や生クリームの泡立ち、パンづくりのとき発酵《はっこう》によってプクプク出てくる泡……、食いしん坊《ぼう》なので、おいしい泡がたくさん頭をよぎります。食べものだけではありません。洗剤《せんざい》の泡、入浴剤の泡、発泡《はっぽう》スチロールなど、日頃《ひごろ》お世話になっている泡がたくさんあることにも気づきました。

けれども、「泡」は、体系立てて研究されているかというと、そうではないのです。小学校・中学校・高校において、泡について学ぶことはなく、大学にも「泡学科」はありません。そもそも、泡とは何かという科学的な定義もあいまいです。さまざまなジャンルの研究者――食品や材質の開発担当者、酵母などの発酵の研究者、表面張力や液体・気体・固体の境界にかかわる科学者など――が、それぞれの立場でそれぞれの泡を扱《あつか》っているにすぎないのです。

この本は、そんな多方面にわたる「泡」の話を、無謀《むぼう》にも一冊にまとめようと試みたものです。

Ⅰ章では、まずは泡を分類します。そして、泡の壁《かべ》となる液体の代表、水の話から、さまざまな泡ができるメカニズムを解説していきます。さらに、ビールやコーヒーのおいしさの秘密、モリアオガエルやアワフキムシの泡の世界にも迫《せま》ります。

Ⅱ章では、炭酸飲料、シャンパンなどの液体の中にある泡をとりあげます。

Ⅲ章では、泡構造について考えます。ここでも、泡を焼いたパンやスフレといったおいしい食べものが登場しますから、よだれが出てしまうかも。コルクなど、泡の特性を生かした身近なものから、はては「宇宙の泡」にまで、話は広がっていきます。

それでは、一杯《ぱい》のコーヒーから銀河の果てまでの、壮大《そうだい》な「泡の世界」をお楽しみください。

田中　幸・結城千代子

I

フワフワをつかまえに

――おいしい泡《あわ》の正体とメカニズム

～泡《あわ》って、なに？

コーヒーを淹《い》れるとぷくぷく盛りあがる、泡《あわ》。
生ビールを注いでも、もくもくもく。
ケーキといったら、やっぱり生クリームたっぷり、
ふかふかの泡立ち。
どこかの国の映画で見たのは、
美女が大理石のお風呂で、優雅《ゆうが》に指先を伸《の》ばし、
ふわふわの泡をすくって、フッと吹《ふ》きとばすシーン。
ああ、山ほどふかふかに集まった泡って、なんて魅力的《みりょくてき》！
そういえば、虹色《にじいろ》にくるくる色を変えながら、
ふわりふわり飛んでいくシャボン玉も、泡。
珊瑚《さんご》の海底を、魚たちとともに進むダイバーが、
ボコボコボコ……と吹きだしているのは、呼吸の泡。
シャンパンのグラスの中では、
シュワシュワとつぎつぎに、宝石のような泡が

のぼっていく。一粒《つぶ》、一粒の泡。

どれもが、おのおの、好きなところに行ってしまう。

こんな泡も、捨てがたい。

〜泡《あわ》を分類してみたら

そもそも泡《あわ》って、なんでしょうか。

英語では、泡を表すのに、「バブル」と「フォーム」という二つの単語を使います。その違《ちが》いは、単体の泡か、泡の集まりか、というところにあります。単体の泡がバブル、集まった泡はフォームです。

たとえばビールでは、白いクリーミーな泡は「フォーム」で、液体の中をつぎつぎにのぼっていく気泡《きほう》は「バブル」です。また、材料は同じ洗剤《せんざい》でも、ストローで飛ばすシャボン玉の泡は「バブル」、洗濯《せんたく》や皿洗いの泡は「フォーム」になります。

ちょっとややこしくなりますが、もう少し、泡の「状態」をくわしく見てみましょう。

シャボン玉などの空気中にできる泡は、空気という気体の中に、液体の膜《まく》で包まれた気体がある状態です。

科学者は泡をいろいろと定義しますが、とくにこれを、「液体の膜が気体中に仕切りをつくる系」の泡とよびます。

一方、シャンパンなどの液体の中にある泡は、まわりじゅう液体なので、とくに膜《まく》になっているわけではなく、液体に包まれた気体があるだけです。このとき泡とよばれるものは、液体に包まれた気体のかたまりといってよいでしょう。

科学者はこれを「気体が液体中に分散する系」の泡とよびます。

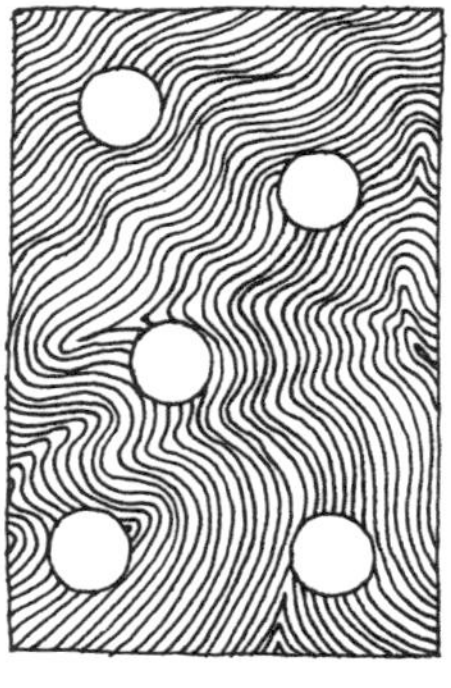

気体が液体中に分散する系

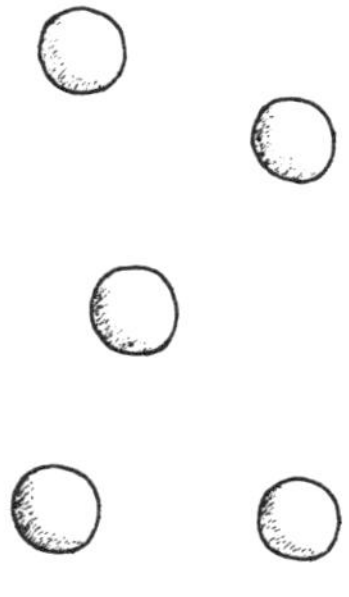

液体の膜が気体中に仕切りをつくる系

ここで、気体や液体という言葉を使っていますが、物質の状態には固体・液体・気体の三態があることはご存じのとおりです。このそれぞれの状態のことを「相」とよぶことがあります。くるくる変わる百面相の、笑顔や怒《いか》り顔や泣き顔と同じように、固体・液体・気体は異なる三相です。泡の話には、この「相」という表現がときどき顔を出します。

まず、さきほどの空気中にできる泡、これは〈同じ相がつくる系〉と考えます。泡の外側と、泡の内側に注目するわけで、仕切りの膜の相は考えません。つまり、周囲も気体、膜の内側も気体なので、同じ相とよびます。

液体の中にある泡は〈二つの異なった相がつくる系〉として、泡のあり方としては区別されています。ここでは周囲の液体と、泡の中の気体の二つの相が存在しています。このとき境目に膜はありません。

シャボン玉やビールの上部にできるクリーミーな泡は、空気中にできる気体の泡なので、気体と気体で〈同じ相がつくる系〉です。この分け方で考えると、ほかにどのようなものがあるでしょうか。

たとえば「液体が液体中に分散する系」も、液体と液体なので、〈同じ相がつくる系〉

≡**コーヒー受容史①**≡ アラビアからヨーロッパへと伝わるまえ、コーヒーはイスラム神秘主義の僧侶《そうりょ》の飲みものだった。ワインなどのアルコール飲料と違《ちが》って戒律《かいりつ》にふれず、夜を徹《てっ》しての祈《いの》りのさいに眠気《ねむけ》を覚ましたり、食欲を断ったりするために愛飲された。

になります。この代表例が、マヨネーズです。マヨネーズはちょっと泡には見えないので、ピンとこないかもしれませんが、空気を混ぜこんだり、液体に液体を混ぜこんだりする「泡立て器」でつくるのですもの、泡の仲間なのです。異なる液体が丸い泡状態（油分）になって、別の液体（酢《す》と卵黄の水分）の中に混ざりこんでいます。

ビールの中をのぼる気泡のような、液体中にできる気体の泡は〈二つの異なった相がつくる系〉でした。

別の例を一つ挙げてみます。たとえば「液体が気体中に分散する系」。気体と、その中の液体の泡も、二つの異なった相です。

霧《きり》や、スプレー缶《かん》から出た整髪剤《せいはつざい》などが、これにあたります。細かい液体の球状の粒《つぶ》は、泡

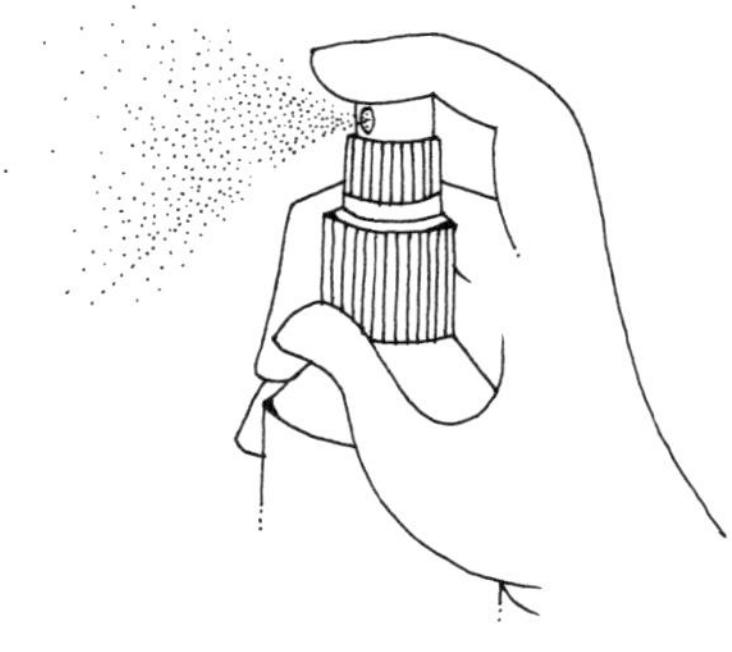
液体が気体中に分散する系

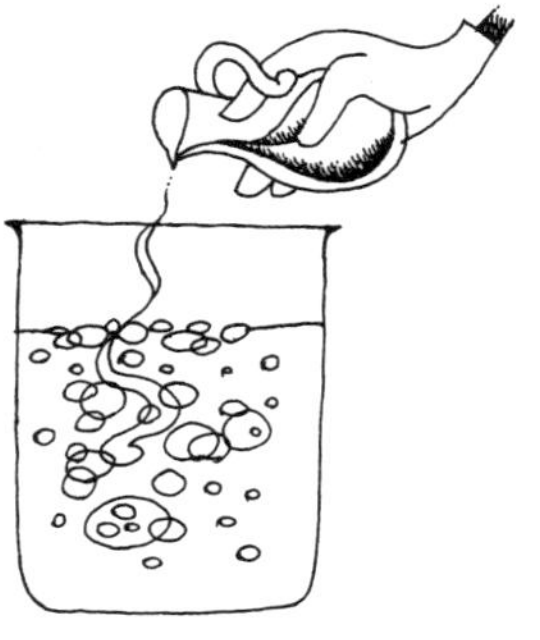
液体が液体中に分散する系

の一種と定義されています。このあたりになると、一般《いっぱん》の泡のイメージからはだいぶ離《はな》れてきますね。

さて、ここまでの流れを整理してみましょう。

この相の違《ちが》いによる分類では、泡を以下の四つに分けることができます。

A　同じ相からなる「液体の膜が気体中に仕切りをつくる系」
……コーヒーの泡、シャボン玉など

B　二つの異なった相からなる「気体が液体中に分散する系」
……サイダー、シャンパンなど

C　同じ相からなる「液体が液体中に分散する系」
……マヨネーズ、ドレッシングなど

D　二つの異なった相からなる「液体が気体中に分散する系」
……霧、ヘアスプレーなど

このなかで、わたしたちがいかにも泡と感じるのは、おもにAとBではないかと思

≡**コーヒー受容史②**≡16世紀、メッカでのコーヒー流行を快く思わない為政者《いせいしゃ》が、炭を食べてはいけないという戒律《かいりつ》を理由にコーヒーを弾圧《だんあつ》。しかし、17世紀にアハメッド1世の治世下で、焙煎《ばいせん》した豆は炭ほど強度に焼かれていないとする宗教者の見解がまとまり、擁護《ようご》派が勝利した。

います。マヨネーズのようなCの「液体が液体中に分散する系」と、霧のようなDの「液体が気体中に分散する系」は、学問的には「泡」でも、わたしたちは「泡」とはあまり意識しないものです。そのため、くわしくはまた別の機会にお話ししたいと思います。

この本では、Ⅰ章でAの同じ相からなる「液体の膜が気体中に仕切りをつくる系」を、Ⅱ章でBの二つの異なった相からなる「気体が液体中に分散する系」をとりあげます。では、まずはおいしいAの泡から、話をはじめましょう。

～最古の泡《あわ》の飲みもの

記録に残る最古の泡《あわ》の飲みものは、ビールです。

ビールの起源は、紀元前六〇〇〇年の石板や紀元前四〇〇〇年の粘土板《ねんどばん》といったさまざまな記録から、メソポタミア文明といわれています。紀元前三五〇〇年～紀元前三〇〇〇年頃《ごろ》のメソポタミア地域のシュメール人は、ビールを甕《かめ》に入れて、表面に浮《う》いている麦粒《むぎつぶ》をよけるため、ストローで飲んでいたということです。

紀元前三〇〇〇年～紀元前二〇〇〇年頃には、ビール醸造《じょうぞう》が古代エジプトに伝わっていたことが、墓の壁画《へきが》などからわかります。また、当時使われていた「食べもの」を表す象形文字が「一鉢《はち》のビールと一塊《かい》のパン」でできていることから、ビールと、あとでお話しするパン（Ⅲ章に登場）が、いかに大切であったかが想像できます。古代エジプトでは、死者を葬《ほうむ》るとき、棺《ひつぎ》に死後の世界の案内書「死者の書」というものを入れたそうですが、そのなかにも、ビールとパンがおもな食料であったという記述があります。

北ヨーロッパでは、紀元一八〇〇年頃には、古代ゲルマン人によってビールがつくられていたという記録があり、紀元前八〇〇年頃の「ビールジョッキ」が、ドイツで発見されています。イギリスでは、紀元前に、蜂蜜《はちみつ》を発酵《はっこう》させたお酒に穀物酒を混ぜたものがつくられ、「エール」とよばれていました。さらに、中世のヨーロッパでは、「ビールは液体のパン」「パンはキリストの肉」と考えられ、キリスト教の修道院でビールがさかんにつくられるようになりました。

日本には鎖国《さこく》時代、オランダから長崎《ながさき》の出島に伝わり、幕末には蘭学者《らんがくしゃ》が日本初の醸造に成功したそうです。

このように、ビールは、それぞれの国や地域で、それだけで一冊の本になりそうな壮大《そうだい》な歴史が刻まれ、今日に至っています。

≡コーヒー受容史③≡ 17世紀半ばのイギリスではコーヒーハウスが流行。情報交換《こうかん》の場、郵便局、株式取引所、保険取引所（ロイズはここから）の役割も果たした。この高価な娯楽《ごらく》に男性陣《だん》を奪《うば》われた婦人連やアルコール飲料関係者などの反発もあり、やがて紅茶が主流になる。

ビールの泡《あわ》の正体は？

では、現在のビールのつくり方を見てみましょう。地域やメーカーによって、ゆずれないところはあるのでしょうが、基本的なものを大ざっぱに説明します。

原料となるものは、麦芽・ホップ・酵母《こうぼ》・水です。麦芽というのは文字通り大麦の種子を発芽させたものです。大麦は発芽することによって、そのなかの酵素が活性化します。なかでもアミラーゼというデンプンを糖分に変える酵素が、ビールづくりに重要な役割を果たします。その麦芽にお湯を加えて煮《に》ます。ここで煮た米を加えたりもして、ようはおかゆをつくり、これが麦汁《ばくじゅう》となります。このとき、デンプンが糖分に変わります。これを濾《こ》してホップを加えて

また煮て、香《かお》りと苦みを引きだします。さらに、冷やした麦汁に酵母を加えると、糖分がアルコールと二酸化炭素に分解されます。それをあとは熟成させて濾過《ろか》すれば、ビールのできあがりです。

ビールには、アルコールと二酸化炭素がふくまれているわけです。

では、これから、ビールの上にできる泡《あわ》の正体をあきらかにしていきます。この泡の中の気体は、二酸化炭素、そして、泡の膜《まく》となるのは、水とアルコールです。（ビールの液中にできる泡については、II章でお話しします。）

～水の表面で起きていること

水！　泡《あわ》について考えるうえで、この物質を避《さ》けては通れません。水はありふれたものですが、じつはとても特殊《とくしゅ》な物質で、泡の立役者なのです。そういえば、「泡」という漢字にも、水（さんずい）がふくまれています。

水がどうしてその中に気体を閉じこめ、泡となるでしょうか。

わたしたちの身近にあるさまざまな液体の、かなりの種類が水をふくんでいます。ためしに、食卓《しょくたく》や冷蔵庫にある液体を見てみましょう。醤油《しょうゆ》に酢《す》にみりん、ジュース

≡コーヒー受容史④≡ フランスにも17世紀半ばにオスマン・トルコからコーヒーが伝わる。劇場そばに開かれたカフェは大繁盛《だいはんじょう》。情熱の炎を冷ます効能があるとカトリック教会でも人気に。革命期には、貴族がカフェの真似ごとに興じた。体に悪いという風説からカフェオレができる。

やワインやビール、ドレッシングや牛乳、ケチャップでさえ、水を多くふくんでいます。

水が、酸素原子一つと水素原子二つでできているかたまり（分子）であることは、ご存じのとおりです（原子と分子については『粒《つぶ》でできた世界』でくわしくお話ししています）。大きめの酸素に小さい二つの水素がついた、ミッキーマウスの頭のような形をした分子です。そんな水分子は、その形と、水素という原子の性質から、水分子どうしでも、またほかの分子とも、じつに手をつなぎやすい性質をもっています。この水分子の手のつなぎやすさこそが、水が泡の立役者たる所以《ゆえん》なのです。

さてここで、コップについだ水の「表面」の世界を想像してみることにします。

液体の水は、水分子どうし仲良くまとまっています。激しく震《ふる》えながらいくつかの手を離《はな》し、また別の水分子と手をつないだりして、つぎつぎに場所を移っていきます。まっすぐ移動したり、回転したりと忙しい水分子、この移動のスピードは分子の状態によってまちまちですが、平均すると時速二百キロメートル弱ほどです。ものすごいスピードのようですが、ひじょうに短い時間でほかの分子にぶつかることをくりかえすので、複雑なジグザグ運動になり、それほど遠くまで一瞬《いっしゅん》で移動できるわけではありません。水分子の手のつなぎ方の性質から、液体の水にはそれなりにすきまがあります。

そんな液体の水のかたまりは、重力によって地球に引かれているので、コップの中にとどまっています。

コップはたとえばガラスやプラスチックでできていて、それらをつくる分子は密に手をつないでいるので、水分子がその中に分け入って飛びこむことはありません。

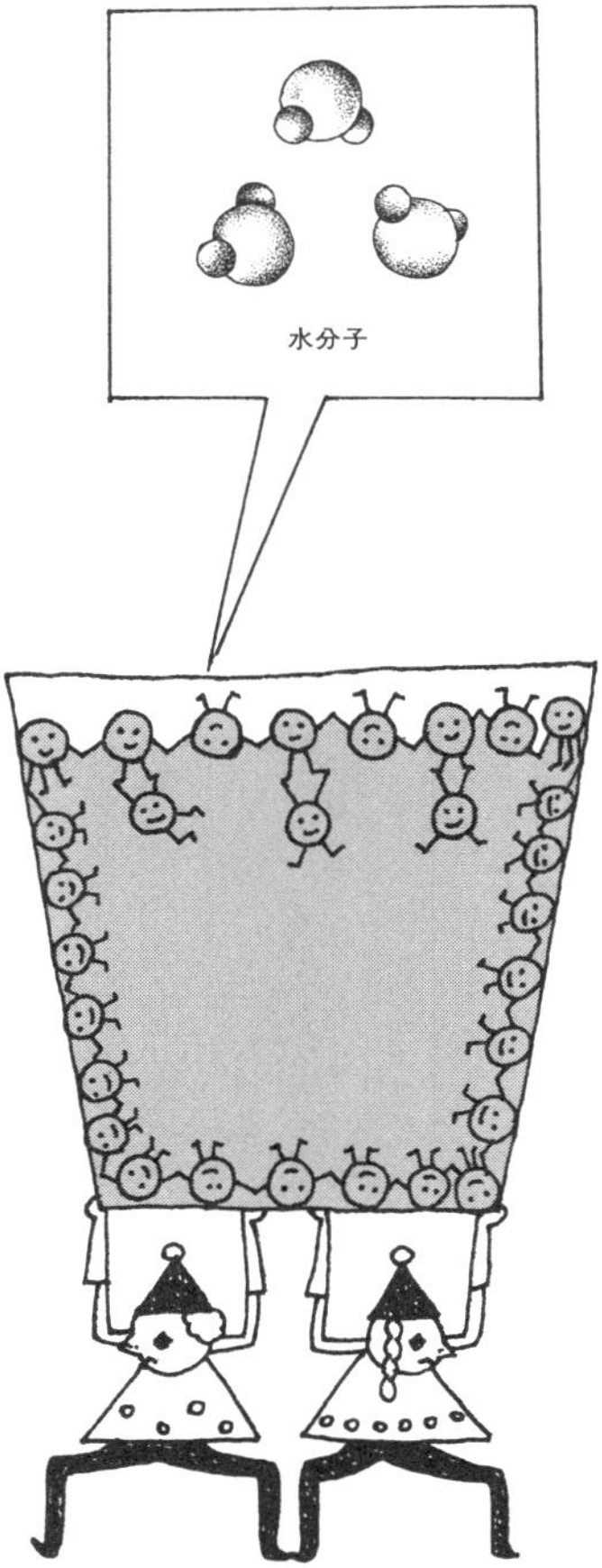

≡ウィンナーコーヒーの語源≡「ウィンナーコーヒー」は日本でのみ通じる造語。ウィーンにはほぼ同じものに、「アインシュペンナー」（一頭立て馬車の御者《ぎょしゃ》の意）がある。御者が主人のもどりを待つあいだによく飲んでいたことから名がついた。カップではなく耐熱《たいねつ》グラスで飲む。

こんなコップと水との境目も、相の境界面なので「表面」です。そこいる水分子にとっては、液体の内側の水分子たちに対するのとは違《ちが》ったつきあいが必要になる場所です。

　表面のたがいの分子の引きあいもあり、このときの相手の分子の種類によって、水分子はコップの分子と手をつなぎ、さらに遠い位置のコップの分子にも手を差しのべて順々に手をつなぎ、張りついたりのぼったりするような動きをします。

　また、相手の分子の種類によっては、水分子はあまり手をつなごうとせず、自分たちでかたまって丸まり、コップの分子から遠ざかるような動きをします。

　どちらの動きになるかは、相手の分子とのミクロレベルの相性によります。

相性が悪いと、水分子は自分たちだけでかたまろうとする

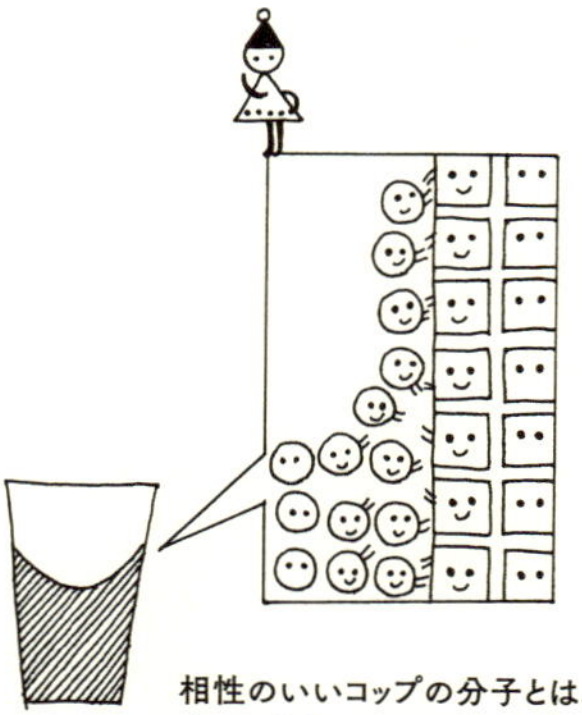
相性のいいコップの分子とは、多くの水分子が手をつなぐ

つぎに、わたしたちが一般《いっぱん》に水の表面と考える、空気との境目に目を向けていきましょう。

空気は窒素《ちっそ》や酸素の分子が混ざった気体ですが、まとめて空気分子とよんでおきます。空気分子は激しく飛びかっていますが、別の分子にぶつかって向きを変え、またぶつかるということをくりかえしています。空気分子のスピードは、大ざっぱにいってマッハ1とか2とか（マッハ1＝時速一二二五キロメートル）、とんでもない速さですから、かなり激しい動きです。さまざまな方向に高速で飛びかい、一秒間にかぎっても莫大《ばくだい》な回数の衝突《しょうとつ》をくりかえしています。

そんな空気分子の世界（気体の相）と、仲間どうしスクラムを組んでいる水の世界（液体の相）が接しているのが、「表面」（気相と液相の境界面）です。

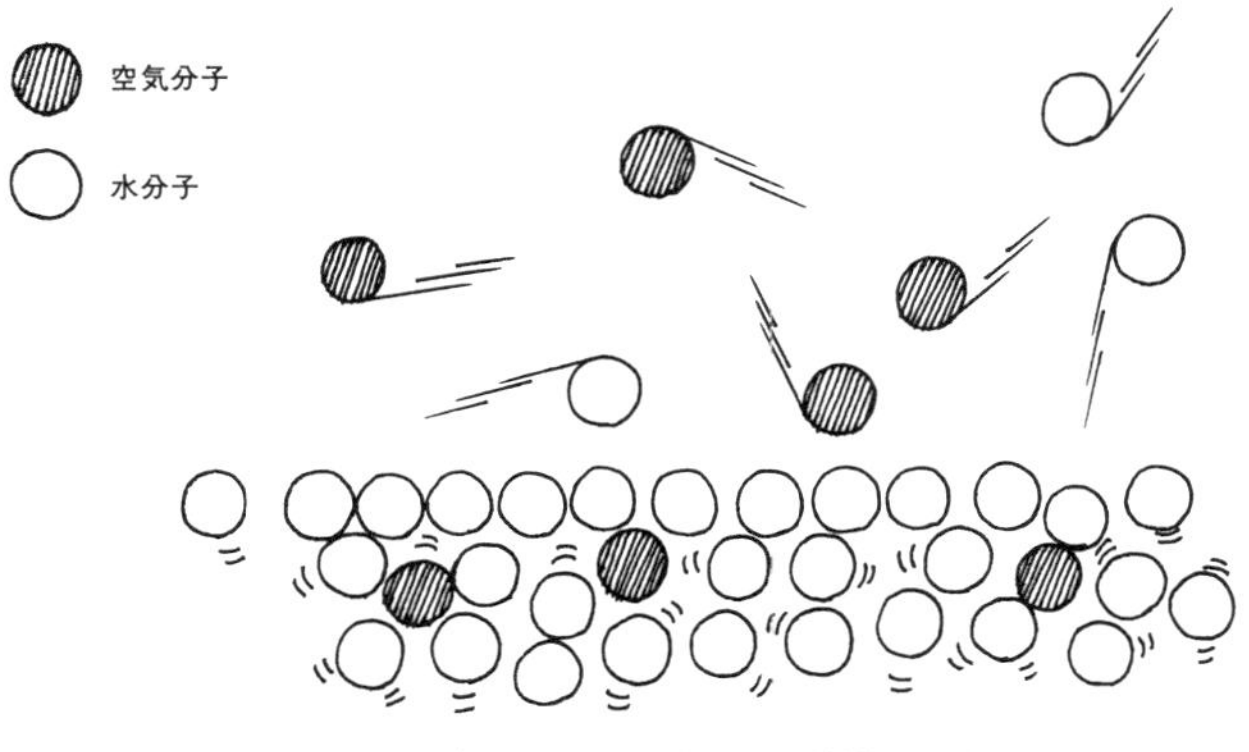

水と空気の境目では、水分子と空気分子が複雑に飛びかっている

≡蒸発をじゃまする分子の壁《かべ》≡ サランラップで覆《おお》うと水分が蒸発しにくいように、表面が他分子に覆われていると、水は蒸発しにくい。たとえば水たまりに油膜《ゆまく》が虹色《にじいろ》に見えているとき、水の表面に油の分子がびっしり並んでいるため、水分子は外に飛びだしにくく蒸発しにくい。

泡の形の話❶

泡《あわ》はなぜ丸い？

泡《あわ》が丸くなろうとするのは、同体積ならば球形がもっとも表面積が小さく、自然界ではそれが最小のエネルギーでもっとも安定していられる姿だからです。

ためしにちょっと計算して、一立方センチメートルの体積で、立方体と球の表面積を比べてみましょう。立方体なら表面積は一平方センチメートルの正方形が六枚で、六平方センチメートルになります。球形なら、表面積は四・八三平方センチメートルとなり、立方体の表面積よりかなり小さいことがわかります。

一つの泡の場合、球形が表面積として最小ですが、二つの泡だったら、どうでしょう。球が点で接していれば、表面積は球二個分です。

実際に同じくらいの大きさのシャボン玉を二つくっつけてみると、点で接して止まることはありません。二つがピーナッツの殻《から》のように合体して、あいだにまっすぐな境目の膜《まく》ができます。中の空気の体積はそのままに、二つの泡をあわせた表面積が最小になって安定します。ぜひ、観察してみてください。

飛びかう空気分子が、この水の表面のすきまに飛びこんだり、手をつないでとらえられたりすることがあります。一方で、水分子が、仲間と手を離して空気中に飛びだすこともあります。前者が水に気体が溶《と》けこむこと、後者が水の蒸発にあたります。

～水分子のスクラム、「表面張力」

水と気体が接する表面は、水分子にとって、片側は手を組める仲間でいっぱいの世界、片側は見知らぬ分子が飛びかうすきまの多い世界といった感じでしょうか。

気体の側には水分子を引く力がないので、水分子は結局、液体の内側にこもろうとします。最小の面積（表面積）、それが安定できる状態なのです。

このように、安心できる内側にこもろうとする、安定した状態に向かうために生じる力を表面張力とよびます（界面張力という言い方もあります）。コップになみなみとついだ水は、いまにもあふれそうにふくらみながら、ギリギリのところで震《ふる》えつつ、なかなかこぼれません。これは、表面張力によるものだといわれます。

水の中にピンセットをさし入れ、水分子を一粒《つぶ》つまみあげるとします。水の中の水分子一粒は、四方八方から引く力を受けていています。たとえば、上向きに引く力と

≡1cm³の球の表面積の求め方≡ 1cm³が球形なら、球の体積はこうなる。
$V=\frac{4}{3}\times 3.14\times$半径$^3=1cm^3\rightarrow$半径$^3=3\div(4\times 3.14)\rightarrow$半径＝およそ0.62cm
球の表面積は、$S=4\times 3.14\times$半径$^2\rightarrow 4\times 3.14\times(0.62)^2\fallingdotseq 4.83cm^2$となる。
（p22のコラム参照）

下向きに引く力は、同じ大きさで反対向きなので、つりあい、打ち消しあいます。四方八方から引く力は、それぞれ打ち消しあっているため、水の中の水分子一粒をつまみあげるのはかんたんです。

では、表面の水分子一粒はどうでしょうか。表面の上には水分子がないので、下にある水分子が引く力にあらがう力はありません。そこで、表面の水分子一粒をつまみあげようとすると、下に引かれる抵抗力《ていこうりょく》を感じます。これが、表面張力です。

表面張力のおかげで、水は弾力性《だんりょくせい》のある膜《まく》で覆《おお》われたかのようになります。アメンボがすいすい移動できるのも、表面張力のなせるわざです。

ですから、ただの水をガシャガシャかき混

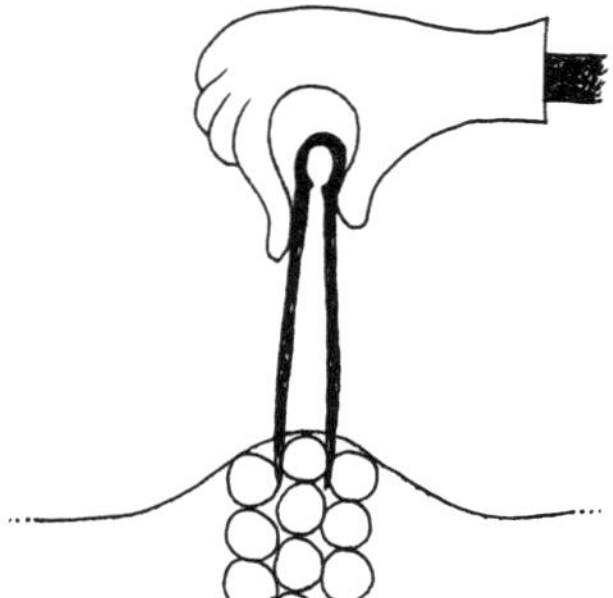

表面の水分子は下からの抵抗を受ける

水の中の水分子は抵抗を受けない

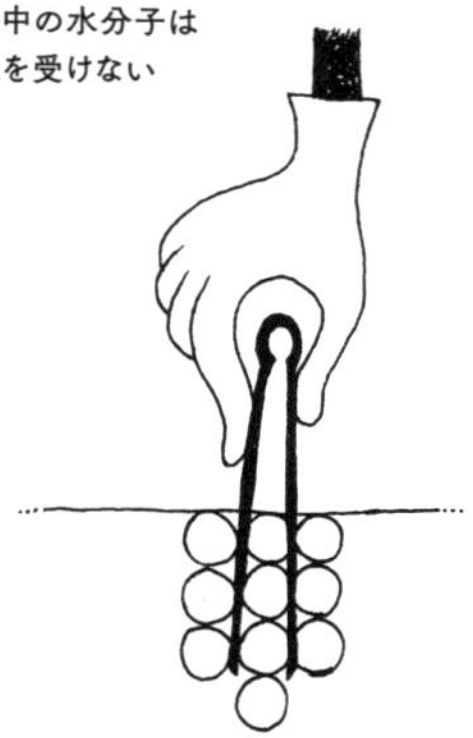

ぜると、一瞬《いっしゅん》、泡《あわ》のような空気のかたまりがいくつもできますが、すぐに、水の表面張力によるスクラムの強さに負けて消えてしまいます。

～界面活性剤《かいめんかっせいざい》で泡《あわ》ができるしくみ

表面張力がある水の表面に、洗剤《せんざい》がやってきたらどうなるでしょう。

洗剤分子は、水と手をつなぎやすい親水基《しんすいき》とよばれる部分をもっています。ところが、水と仲の悪い疎水基《そすいき》とよばれる部分ももっています。二つの性質をあわせもった、けっこう大きな分子なのです。

洗剤が水に溶《と》けるとき、洗剤分子は水の表面にずらりと並んでしまいます。親水基の部分で水と手をつないだ状態です。

こうなると、水面はもう空気と接した「表

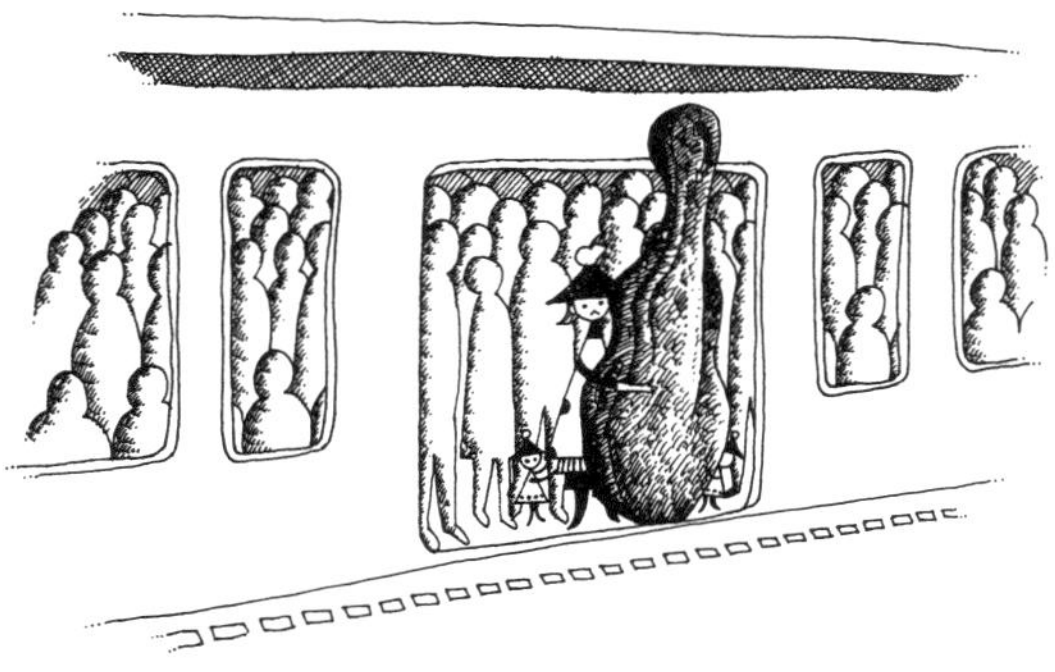

洗剤分子の疎水基は長く、水分子のすきまに入りこめない

≡巨匠《きょしょう》がとらえた表面張力≡「水に強靭《きょうじん》さと凝集力《ぎょうしゅうりょく》があることがはっきり見てとれる。したたるまえに水滴《すいてき》はめいっぱい細長く伸びるが、やがて水滴を支えていている水の粘《ねば》り強さが水滴の重さに耐《た》えきれなくなると、水滴は突然《とつぜん》ちぎれて落ちてしまう」（レオナルド・ダ・ヴィンチ）

面」ではなくなり、水面の水分子は洗剤の片側と仲良くしているにすぎず、緊迫《きんぱく》した表面張力が消えます。緊張が解けて動きやすくなる、つまり、表面張力が失われて表面が活性化される――これが、洗剤にふくまれる界面活性剤の働きです。

水の表面に気持ちよく浮《う》かんでいるアメンボも、洗剤をひとたらしすると溺《おぼ》れますが、かわいそうですから、試すのはご遠慮《えんりょ》ください。

ビールの場合は、ビール内にふくまれるタンパク質が界面活性剤として働き、泡《あわ》の膜《まく》をつくる手助けをします。

タンパク質も、洗剤のように、疎水性のアミノ酸と親水性のアミノ酸の両方をもつ、たくさんの原子からできた大きな分子です。それで、ビールでは界面活性剤として働くのです。

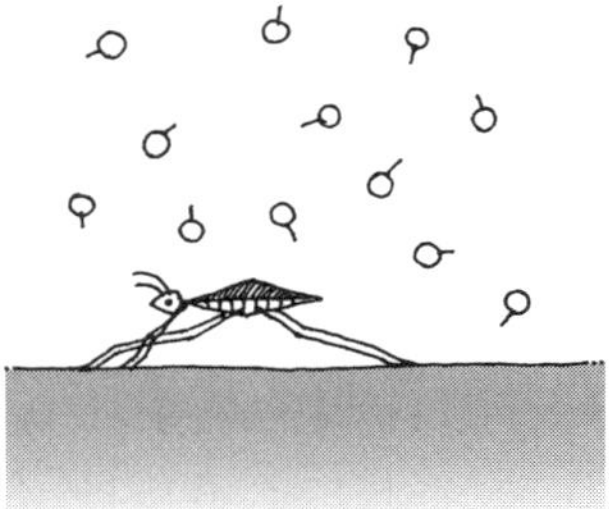

表面張力によって膜のようになっている水の表面。そこに洗剤分子が降ってくると……

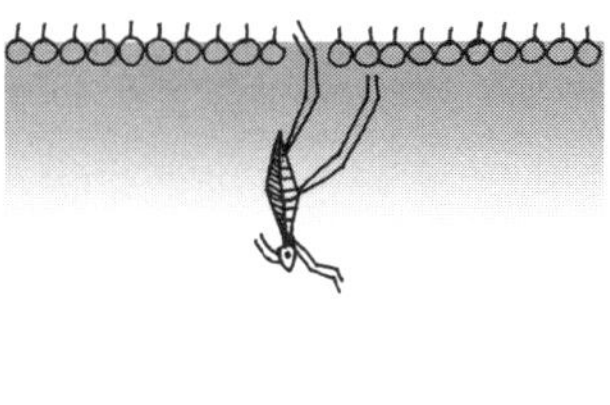

洗剤分子は親水基で水分子と手をつなぎ、疎水基を外に向けて並ぶ。水は表面張力を失う

つまようじでできる水の実験

● 水分子どうしが引きあう力

①クッキングシートのつるつるした面を上にして広げ、小さな水のしずくを落とす

②つまようじのとがっていないほうを水で濡《ぬ》らし、しずくに触《ふ》れるぎりぎりのところまで近づける

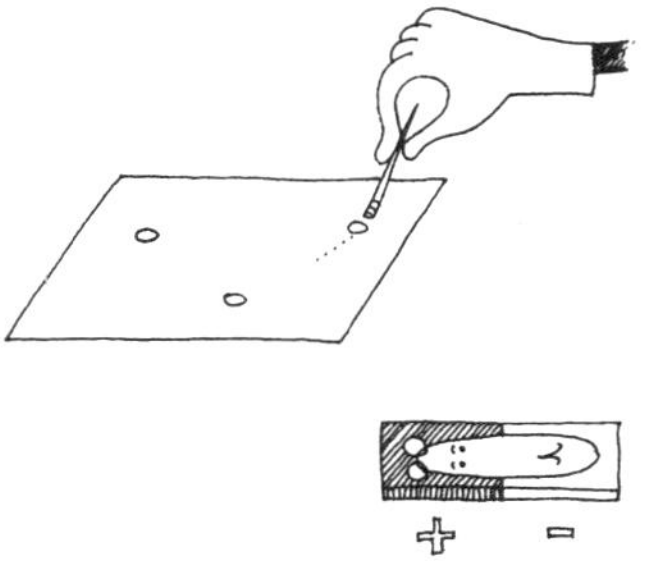

結果：つまようじに向かってしずくが動く。水分子のつくりに電気的な偏りがあり、水分子が集まったしずく全体も同様なので、⊕の部分と⊖の部分が磁石のように引きあう

● 粉は溺《おぼ》れるか？——アメンボのかわりに

①ボウルに入れた水の上に、ベビーパウダー（コショウでもOK）を薄《うす》い層になるようにばらまく

②つまようじの先を食器用洗《せん》剤《ざい》に浸《ひた》し、ボールの粉の真ん中につける

結果：粉は、ボウルのふちに向かって移動し、沈みはじめる

≡**石鹸《せっけん》の誕生**≡石鹸は、油脂《ゆし》をアルカリ剤《ざい》で煮《に》て、汚《よご》れを落とす成分（脂肪酸《しぼうさん》ナトリウムや脂肪酸カリウム）をつくりだす。紀元前から、動物の脂《あぶら》とアルカリ剤である木灰を煮て石鹸をつくった記録がある。18世紀末、アルカリ剤の工業的な製造が可能になり、飛躍的《ひやくてき》に生産が増えた。

さて、洗剤が溶けた水をかき混ぜた場合も、水だけのときと同じように、いくつもの空気のかたまりが水の中に生じます。言いかえると、水のあちこちに空気との境界面が生じるわけです。このとき、そのすべての表面で、界面活性剤としての洗剤分子の活躍《かつやく》がはじまります。水は表面張力を失い、表面部分はかたくなにまとまることをやめ、水だけのときのように、入りこんだ空気のかたまりを一瞬《いっしゅん》で外に追いだすようなことはしなくなります。

一方で、水の中に生じた空気と空気のあいだでは、水分子はちゃんと手をつないで動きまわっているので、空気を内側にとどめた洗剤溶液《ようえき》の壁《かべ》ができます。そのいくつもの空気の部屋が上に浮かんで、たくさんの泡が生まれるのです。

洗剤をふくんだ水の表面では、洗剤分子は親水基で水と手をつなぎながら、疎水基が水の外側に出ているかたちをとることが多くなります。表面とは、洗剤溶液と空気の境界面です。目に見える泡ぶくぶくの面は、すべてこの洗剤溶液と空気の境界面にあたります。

水と仲の悪い疎水基は、油の性質をもつので、油とはとても仲良しです。そのため、疎水基が油分をつかまえることになり、汚《よご》れ落としの役目を果たします。水中で洗剤分子が目に見えない球の状態になっている場合、球の内側の疎水基に油がくっつ

≡その昔、洗剤《せんざい》として使ったもの≡ パスタのゆで汁《じる》や卵白（泡《あわ》はタンパク質）、大豆や大根や枝豆を塩ゆでした汁（泡はタンパク質やサポニン、汚《よご》れ落としにナトリウムイオンも関与《かんよ》）、ムクロジの果皮やサイカチの莢《さや》（泡はサポニン）、灰汁《あく》や動物の尿《にょう》（アルカリで乳化や分解）。

泡の形の話❷ ブクブクの中の十四面体

コラム「泡《あわ》はなぜ丸い？」（22頁《ページ》）では、一つの泡は丸くなり、二つの泡では、ふとっちょのピーナッツのようになることをお話ししました。

泡の数が増えて層をつくり、フォームの状態になっても、泡の合体は規則的です。最小のエネルギー状態、つまり、最小の表面積になろうとするのです。

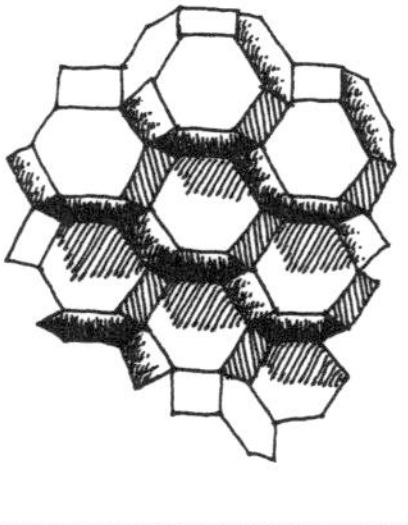

フォームの外側のいちばん表の泡は球状の面が見えますが、内側はどの泡も正方形六、正六角形八の十四面体で、すべての泡がたがいに接しています。これは、総表面積が最小であり、同一サイズの同一形状で空間を最密に満たす形です。切頂八面体やケルビン十四面体、あるいはテトラカイデカヘドロンとよばれます。

一つの球のまわりに八個の球を均等に詰《つ》めていく、体心立方格子という並べ方があります。この並びのまま九個の球を箱に密封《みっぷう》したとして、それぞれの球を均等に思いきりどんどんふくらませていったとしたら、すきまがなくなって、接触面《せっしょくめん》が平らになり、この十四面体ができあがります。

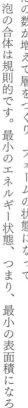

き、結果として球に汚れを閉じこめることになります。

また、表面に追いだされている洗剤分子の疎水基にも油がくっつきます。目に見える泡の表面はすべて洗剤分子が疎水基を外に向けて並んでいるので、油をつかまえる力があり、そんなわけで「泡が汚れを落とす」という言い方をするのです。

〜ビールは泡《あわ》が命

洗剤《せんざい》が溶《と》けた水の表面に無数にできる泡《あわ》の膜《まく》は、まわりの溶液よりも洗剤の成分の濃度《のうど》が高くなる特性があります。泡の外も内も空気ですから、どちらも液体にとっては表面です。前述のように洗剤分子は親水基で水に結合し、疎水基を液体外部に向けてずらっと並ぶので、泡表面は洗剤分子で覆《おお》われることになります。それで、濃度が高いのです。

さて、ビールの話にもどりましょう。

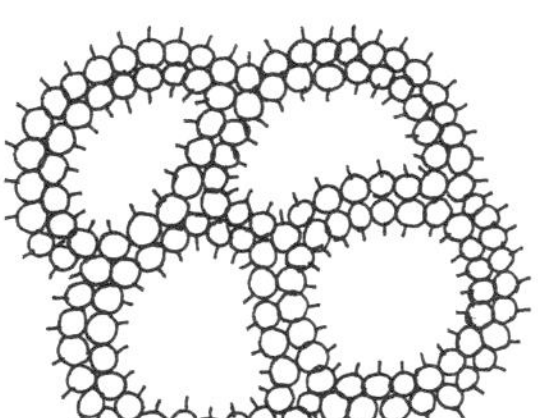

泡の外と内の両側に洗剤分子は並ぶ。
泡の膜となる液体は洗剤分子にはさまれている状態

≡シャボン玉の虹色《にじいろ》≡ シャボン玉はふつうの虹とは違《ちが》った原理で七色に見える。虹の色は、太陽の光が雨粒《あまつぶ》に入ったとき、色によって屈折《くっせつ》の度あいが異なることによる。シャボン玉の虹色は、石鹸膜《せっけんまく》の厚さが場所によって異なり、その厚さによって強調される色が決まることによる。

この洗剤の泡の理論は、ビールの泡にもあてはまります。つまり、ビールの上にできる泡は、ビールそのものよりも成分が濃《こ》いのです。

一九四〇年、東京・上野のビアホールで「泡が多すぎる」と客が抗議《こうぎ》したことにはじまり、ビアホール会社を検察が起訴《きそ》するという事件がありました。しかし、裁判で酒学の権威《けんい》といわれた坂口謹一郎《きんいちろう》が「ビールの泡はビールよりもアルコール濃度が高い」と証言し、一九四四年、「ビールの泡もビールと認める」と、無罪の判決が下されました。

ビール好きの方は、ああそうだったのかと納得されることでしょう。未成年の方は、二十歳《はたち》を過ぎてから、この話を思い出してビールの泡を味わってください。

また、クリーミーなビールの泡は、おいしいだけでなく、ビールの中の二酸化炭素や、ホップや酵母《こうぼ》が醸《かも》しだした香《かお》りが急に発散したり、空気との接触《せっしょく》によって酸化したりするのを防ぎ、ビールのおいしさを保つうえで重要な役割を果たしています。

ビアホールでビールをついで五十年の名人によれば、ビールは温度を二～四度に保ち、ジョッキを四十五度に傾《かたむ》けてビールをつぎ、つぎながら、余分な二酸化炭素を抜《ぬ》いて泡をつくり、泡と液体の割合を三対七にするのがよいのだそうです。

～ドリップでふくらむコーヒーの泡《あわ》

さて、つぎは、泡《あわ》の話をするきっかけとなったコーヒーについてです。ビールにならって、まずはその歴史からはじめましょう。

コーヒーのはじまり（発見）については、そのむかし、エチオピアのヤギ飼いのカルディが、ヤギがコーヒーノキの実や葉を食べて興奮するのを見たのがきっかけという説や、イスラム教の僧《そう》オマールが、鳥がついばんでいた赤い木の実を食べたら元気になったという説などがありますが、イスラム圏《けん》で一種の薬効のあるものとして飲まれていたのは確かなようです。そして、イエメンでコーヒーノキが栽培《さいばい》されるようになったのは、十五世紀に入ってからです。

イスラム世界からヨーロッパに伝わった一六〇〇年頃《ごろ》、コーヒーはエキゾチックな憧《あこが》れの存在である反面、異教徒の飲みものとされてもいました。しかし、ローマ教皇

≡**泡《あわ》はなぜ白い？**≡ビールも洗剤《せんざい》も、泡の部分が白く見えるのは、たくさんある丸い泡の表面で、光があちらこちらに反射すること（乱反射）による。平らなアルミホイルより、クシャクシャにしてから伸《の》ばしたアルミホイルのほうが白く見えるのも、同じ理由による。

クレメンス八世が、コーヒーに洗礼を施《ほどこ》して、みんなが飲むことを容認したそうです。先進地域とはいえ、異なる文化の地域から伝わったものを受け入れるのに必要な過程であったことは想像できます。コーヒーの魅力《みりょく》にローマ教皇も負けてしまったのでしょうね。

その後は、あれよあれよというまに世界中に広まりました。日本に伝わったのは一八〇〇年くらいで、ビールと同じように、長崎《ながさき》の出島にオランダ人が持ちこんだようです。一八〇四年の長崎奉行所《ぶぎょうしょ》の役人の記録にあります。

コーヒーの泡には、紙や布のフィルターでドリップしたときにできる泡と、エスプレッソの泡の、おもに二通りの泡がありますが、まずはドリップしたコーヒーの泡から見ていきましょう。

ドリップの一般的《いっぱんてき》な方法は、フィルターをドリッパーにセットし、適量のコーヒーの粉を入れ、まず、少量のお湯を注いで蒸らします。このとき、泡が発生します。この「蒸らし」は重要な工程とされ、山ほどのうんちくがあるようです。注ぐお湯の量は下のサーバーに垂れないくらいで、という説もあれば、ポタポタ垂れる程度で、という説もありますし、蒸らし時間も十秒から三十秒、好みによっては一分を超《こ》えてもいい、などさまざまです。その方法の表現も、実験の手順書のような事務的なものから、文学作品のようなものまであります。

　なぜ、蒸らしで泡が発生するのでしょうか。

　コーヒー豆は、生の豆を通常、二百度くらいの温度で十分から二十分煎《い》ります。これを焙煎《ばいせん》といいます。このとき、豆の有機成分が空気中の酸素と結びつき、二酸化炭素を発生させます。コーヒー豆は、活性炭と同じように多孔質《たこうしつ》、つまりスカスカな状態なので、そのなかに二酸化炭素を閉じこめていますが、少しずつまわりに放出していきます。コーヒー豆の袋《ふくろ》にフィルターがついていることがあります。これは、袋がパンパンにならないように、豆から放出される二酸化炭素を外に逃《に》がすためです。

　続いて、この焙煎したコーヒー豆をミルで粉にします。このとき、コーヒー豆の中の二酸化炭素は、いい香《かお》りとともにかなり出ていきますが、それでもまだ残っています。そこに蒸らしのお湯をかけると、湯を吸収した粉がふくらんで、二酸化炭素が押《お》しだされ、泡となって出てくるのです。これで、空気の中に膜《まく》で隔《へだ》てられた二酸化炭素の泡ができます（注いだお湯とともに膜をつくる、界面活性剤《かいめんかっせいざい》の働きをするものについては、つぎのエスプレッソのところでお話しします）。

　この蒸らしの泡には、コーヒーのアクが吸着します。できた泡をなめてみると、ア

≡電気を通すマヨネーズ≡ 酢《す》は電気を通すが、油は電気を通さない。卵黄に酢と油を混ぜてつくるマヨネーズは、油のまわりを酢がとり囲んだ泡《あわ》の状態になっているので、酢の部分が連続していて電気を通す。豆電球と乾電池《かんでんち》を使ったテスターをマヨネーズにさしこんで実証できる。

クの苦みがよくわかります。

蒸らしによって、コーヒーの粉全体に湿《しめ》り気がゆきわたると、粉が膨張《ぼうちょう》して粉の内部までお湯が通る状態になります。ここで本格的にお湯を注ぐと、コーヒーの成分が十分に抽出《ちゅうしゅつ》され、おいしいコーヒーとなります。このとき、アクが抽出液にいかないように、フィルターの中に泡が残った状態、つまりお湯をつぎたして落ちきらない状態でドリッパーをはずします。

ちなみに、インスタントコーヒーは、コーヒーの抽出液をフリーズドライにしたものなので、お湯を注いでも泡は出てきません。わずかに泡立つのは空気です。

少量のお湯を真ん中に

↓

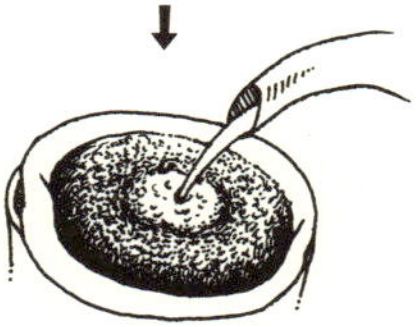

泡が出て全体が湿ったら、
お湯をゆっくり注ぐ

↓

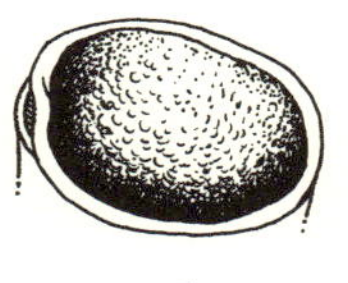

こんもりとした泡になる

〜 クレマがおいしいわけ

こんどは、エスプレッソの泡《あわ》についてです。エスプレッソは、ドリップコーヒーと違《ちが》って、コーヒーの上に泡が乗っています。これを「クレマ」といいます。エスプレッソはこのクレマを味わう飲みものなのですが、泡を楽しむという点でビールと似ています。

エスプレッソはふつう、エスプレッソマシンという機械で入れます。深煎《ふかい》りの豆を細かく挽《ひ》いた粉をホルダーとよばれる容器に入れ、圧縮します。それを機械にセットして高圧の蒸気を通せば、できあがりです。機械まかせだから、だれが入れても同じ?——たしかに家庭用のエスプレッソマシンはそうですが、お店のものは、抽出《ちゅうしゅつ》時間や圧力を手動で調整するなど複雑な操作をして、お客の要望や素材に応じた味を引きだすことができます。こうしたエスプレッソマシンの操作をはじめとするコーヒーの技能に精通した人を、「バリスタ」とよびます。

≡平野水《ひらのすい》からサイダーへ≡ 兵庫県多田村平野（現・川西市）の平野温泉の水は、二酸化炭素を多くふくんで体によいと愛飲されてきた。明治時代に三ツ矢平野水として売りだされ、さらに砂糖や香料《こうりょう》を加えてサイダーになった。現在の三ツ矢サイダーは水に炭酸ガスを溶《と》かしている。

エスプレッソの理想的なクレマは、スプーン一杯《ぱい》の砂糖を乗せても、それを支えられるものだそうです。ポルトガルの大学の分析《ぶんせき》によって、エスプレッソは、糖類・脂《し》質《しつ》・タンパク質・多糖類をふくむ炭水化物の抽出物であることがあきらかにされました。また、タンパク質がクレマを形づくる界面活性剤《かいめんかっせいざい》として働き、多糖類がコーヒーの粘性《ねんせい》を高めることがわかりました。ドリップコーヒーの泡についても同じで、泡の中をコーヒーがゆっくり落ちていくのは、これらの成分の働きによるものです。

ここでひとつの疑問が生じます。成分は同じなのに、どうしてドリップコーヒーの泡はまずく、エスプレッソのクレマはおいしいのでしょうか。その違いは泡の中の気体にあります。ドリップコーヒーの泡の中身が二酸化炭素であることはお話ししました。クレマにももちろんコーヒー豆から放出された二酸化炭素はふくまれていますが、それ以上に多いのが、エスプレッソ特有のつくり方で入りこむ空気です。お店のエスプレッソは、九気圧、九十度以上の蒸気によって、二十〜三十秒という短い時間で抽出されます。ということは、クレマには高圧から解放された蒸気中の空気が多くふくまれているということになります。さらにこの製法で、クレマの泡はとても細かくなめらかにできます。空気を多くふくんだ食べものは口当たりがよく、そのためアクの苦みやえぐみも独特のおいしいさとして感じられるのです。

抹茶《まっちゃ》の泡《あわ》

抹茶《まっちゃ》には、なんと、百グラムあたり三十グラムものタンパク質がふくまれています。そのため、抹茶が泡立《あわだ》つのは、エスプレッソのクレマなどと同じように、タンパク質の作用によると考えられます。

泡立ちの原因が、界面活性剤《かいめんかっせいざい》として働くサポニン（ソープの語源）にあるとする説もありますが、茶葉にはサポニンは〇・二パーセントしかふくまれていません。また、茶葉にふくまれるサポニンについてはまだよく解明されていないこともあり、やはりタンパク質の作用のほうが大きいと推察できます。

抹茶は、茶筅《ちゃせん》とよばれる細い竹を束ねた一種の泡立て器ですばやくかき混ぜることで、たっぷりと空気をふくませて、泡を立てます。

ミルクを泡立てるときと似ていて、温度も重要で、八十度くらいのお湯がよいようです。熱すぎると、成分であるカフェインやカテキンが多く抽出《ちゅうしゅつ》され、苦渋味《くじゅうみ》が出て、甘《あま》みが感じられなくなります。逆に、温度が低すぎると、だまになったりしてうまく泡立ちません。できた泡は、時間が経つと消えていきます。

≡溶《と》けた酸素の量が見えるとき≡ 水中生物の多くは水に溶けこんだ溶存《ようぞん》酸素を利用して生きている。プランクトンが大量発生して海が赤く染まり、ほかの生きものが酸欠になるのが、赤潮。溶存酸素は目に見えないが、赤潮の赤色は溶存酸素量の指標にもなる。

〜 長持ちする泡《あわ》、しない泡

エスプレッソに泡《あわ》立てたミルクをふんわりと乗せ、そこに飲むのがもったいないほどの絵（ラテアート）が描《えが》かれることがあります。誕生日に名前を書いてくれるお店もあれば、長崎《ながさき》のあるレストランでは、坂本竜馬《りょうま》の似顔絵まで登場しているようです。「エスプレッソに泡立てたミルクをふんわりと乗せ」と表現しましたが、このカテゴリーに入る飲みものには、カフェラテ、カプチーノ、カフェマキアート、ラテマキアートなどといろいろあって、それぞれ、温めただけのミルクと泡立てたミルクの両方をもちい、その割合や注ぎ方が異なります。

これらに乗った泡は、どうやってつくられるのでしょうか。

コーヒーショップでは、機械で細い管から蒸気を出し、ミルクを温めます。ミルクにはもちろんタンパク質がふくまれています。

タンパク質が界面活性剤《かいめんかっせいざい》の役割を果たすことは、ビールのところでふれました。ミルクの泡立ちには、この界面活性剤の役割に加え、タンパク質の分子が、蒸気の熱によって、毛糸玉のようなな構造からほどけた状態に変わることもかかわっているようです。この変化をタンパク質の変性といいます。

この泡立てたミルクの泡は、長持ちしません。また、一度泡がへたったミルクをもう一度泡立たせることはできません。ミルクのタンパク質の変性は可逆的ではないようなので、そのためかもしれませんが、タンパク質の構造があまりに複雑なので、このあたりのことはまだよくわかっていません。

さて、甘いものが好きな人は、ミルクの泡が乗ったカプチーノよりも、ホイップクリームの乗ったウィンナーコーヒーのほうがお好みかもしれません。ホイップクリームは、生クリームに砂糖を加えて泡立てたものですが、ミルクよりもはるかに長持ちする泡です。

そのわけは、生クリームにふくまれている脂《し》肪分《ぼうぶん》にあります。

ミルクの成分は、牛乳という名のとおり、牛

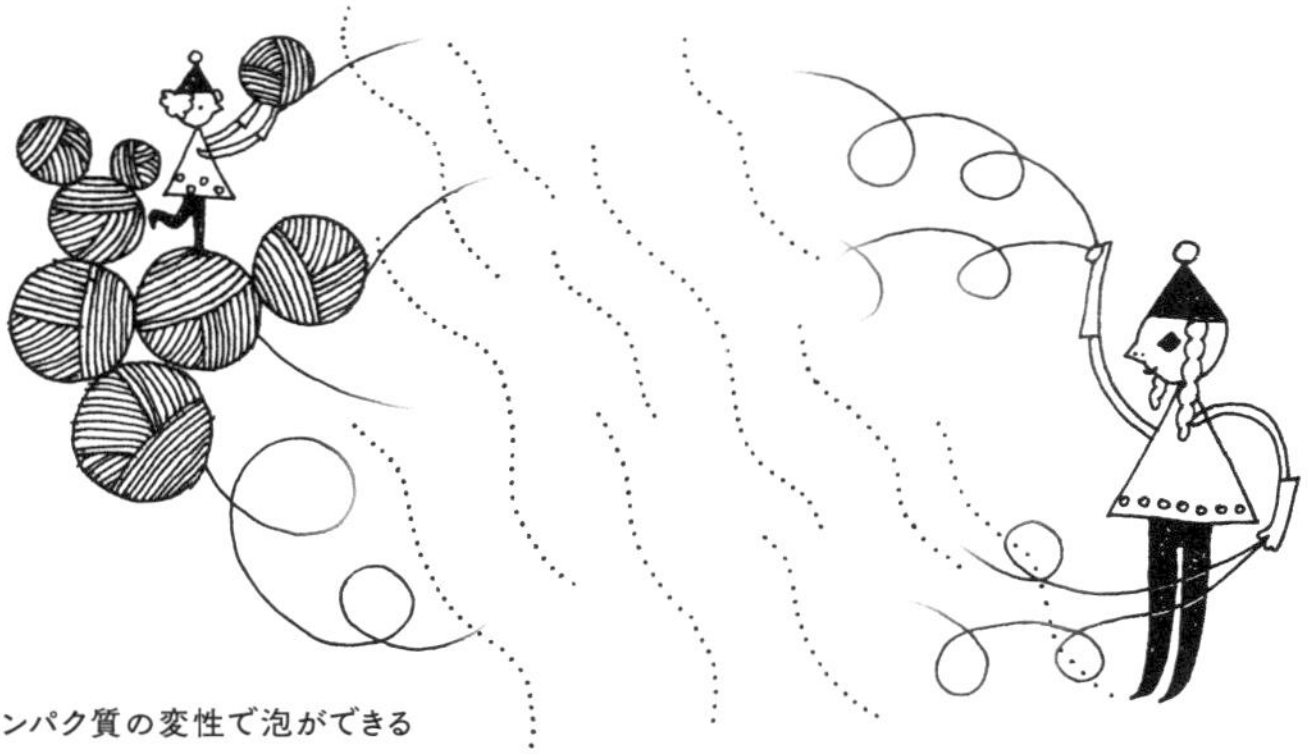

**タンパク質の変性で泡ができる
ようすを想像すると……**

≡エアーポンプの泡《あわ》①≡ 魚の飼育で使われるエアーポンプは、酸素を発生させているのではなく、空気の泡を水中に通している。その泡の表面全体から、空気中の酸素が水に入っていく。絶え間なく発生する泡の表面積の総和は大きく、多くの酸素が水にとりこまれていく。

からしぼった乳そのものです。一方、生クリームは、正式名称《めいしょう》はたんなる「クリーム」で、「生乳、牛乳または特別牛乳から乳脂肪分以外の成分を除去したもの」と定義されています。

クリームを泡立てると、乳脂肪の小さな粒《つぶ》がくっつきあって、粘性《ねんせい》が生まれます。さらに泡立てると、乳脂肪がつぎつぎつながり、網目《あみめ》の中に空気をとり囲んだような壁《かべ》をつくります。この網目構造が、ホイップクリームの泡の正体です。温めたバターでわかるように、乳脂肪は温度が高いと溶《と》けてしまうので、固い網目構造の壁をつくることができません。そのためホイップクリームは、氷水を使って低い温度で泡立てるのです。

乳脂肪の網目構造が
空気をとり囲み、
クリームの泡になる

〜ふわふわの泡をつくる生きもの

生きものの世界にも、泡《あわ》をつくって活用しているものたちがいます。

モリアオガエルは、泡の中に卵を産むことで有名です。産卵・受精がおこなわれると同時に粘液《ねんえき》が分泌《ぶんぴつ》され、これをオスとメスが足でかきまわして白い泡をつくります。直径十〜十五センチメートルほどの泡のかたまりの中には、黄白色の卵が三百個から八百個ほど産みつけられます。泡は、急な温度変化や乾燥《かんそう》、紫外線《しがいせん》などを防ぎ、外敵から卵を守ります。

カマキリの卵も泡に守られています。また、セミの仲間のアワフキムシの幼虫は、野山の草の葉や木の枝などに排泄物《はいせつぶつ》を泡立てて巣をつくり、快適に暮らしています。排泄物にはアンモニアとタンパク質がふくまれていて、アンモニアは界面活性剤《かいめんかっせいざい》のもとになり、タンパク質は泡を形づくります。この巣は、風でも吹《ふ》きとばず、断熱材にもなります。アリなどが侵入《しんにゅう》してきても、溺《おぼ》れてしまいます。

泡と生きものといえば、カニのぶくぶくを思い浮《う》かべる方も多いでしょう。カニはほんらいエラ呼吸ですから、陸上で呼吸するためには、甲羅《こうら》の中にためた水を体内にとり入れ、エラをとおして酸素を吸収し、その水を体の外に出します。そして、それ

≡**エアーポンプの泡《あわ》②**≡ エアーポンプから出る空気の泡は、ポンプの出口でちぎれ、水中をのぼるあいだしばらくは安定した丸い形になれず、伸《の》びたり縮んだりする。エアーポンプを動かしたときに聞こえるボコボコという音は、このときの泡の不規則な振動《しんどう》によって出るもの。

をまた体内にとり入れるわけです。これをくりかえすうちに、だんだん水の粘性が増して、外に出したとき、泡となってしまうのです。つまり、泡を出しているカニは呼吸困難な状態なのかもしれません。

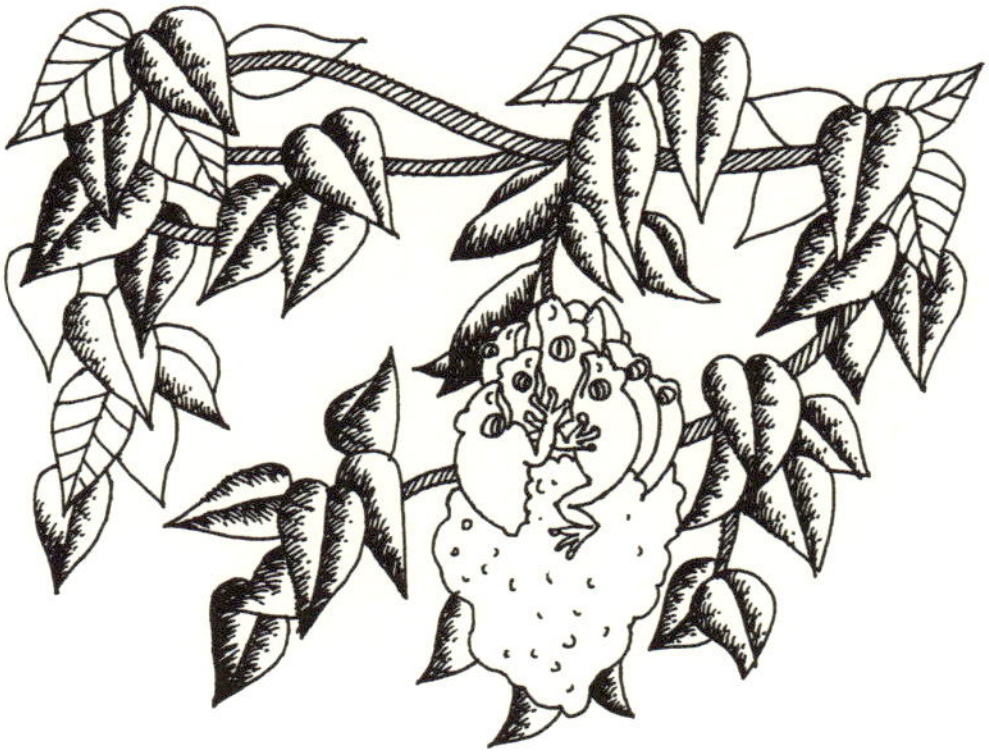

II

シュワシュワの誕生——気泡《きほう》ができて、育つまで

～ はじけてさわやか、炭酸飲料

この章では、二つの異なった相からなる「気体が液体中に分散する系」の泡について見ていきましょう。こう言うと複雑なもののように思いますが、なんのことはない、炭酸飲料のシュワシュワした泡《あわ》のことです。

炭酸飲料のはじまりは、天然の湧《わ》き水です。当初は、泡立つ湧き水は常温で沸騰《ふっとう》しているのだと考えられていました。病気の治療《ちりょう》効果もあるとされ、人びとに好まれました。最初は、この湧き水を瓶詰《びんづ》めしたものが売られていましたが、科学者によって、泡の成分が、水に溶《と》けた二酸化炭素であることがつきとめられると、人工的に炭酸水をつくることが模索《もさく》されました。

これに最初に成功したのは、イギリスの科学者、プリーストリー（一七三三―一八〇四年）です。彼《かれ》は、酸素の発見者の一人として有名です。プリーストリーは、リーズという町で、ビール醸造所《じょうぞうしょ》から出る二酸化炭素を水に溶かして炭酸水をつくりました。はじめのうちはたいへん手間のかかる方法でつくっていましたが、のちにもっとかんたんにで

プリーストリー

きる装置を開発しました。同じ頃《ころ》、こちらも有名なフランスの科学者、ラボアジェ（一七四三―一七九四年）も、同じような装置を開発していたそうです。

その後、二酸化炭素を水に溶かしただけの炭酸水に、レモンなどの風味が加えられるようになり、炭酸飲料として急速に普及《ふきゅう》していきました。そして、アメリカを代表する飲みもの、コーラが誕生したのは、一八八六年のことです。それまで水で割って飲んでいたコーラのシロップを、あるとき、まちがって炭酸水で割ってしまい、それがお客に好評で、今日のコーラになりました。

炭酸飲料の独特のさわやかさには、温度が深く関係しています。一般的《いっぱんてき》なサイダーには、液体の体積の約四倍の二酸化炭素が溶けこんでいます。

気体は、温度が高くなると水に溶けにくくなります。ですから、冷たい炭酸飲料を口にふくむと、温まって溶けきれなくなった二酸化炭素が口の中に広がり、清涼感《せいりょうかん》につながるのです。二十年以上前、まだ冷蔵庫が普及していなかった中国で真夏に飲んだ、体温と同じくらいの温度のサイダーがまったくおいしくなかったことを、いまもよく覚えています。

≡ミリバブルとマイクロバブル①≡ シャンパンの泡《あわ》は、上昇《じょうしょう》するうちに直径1mmくらいの大きさに育つため、ミリバブルとよばれる。一方、マイクロバブルとよばれる、ミリバブルよりもっと小さな、機械的に発生させる泡がある。この泡は、育たず、やがて消えてしまう。

〜 はじめはじゃまだったシャンパンの泡《あわ》

泡《あわ》をふくんだ、大人の飲みもののといえば、シャンパンですね。

シャンパンの歴史は、十五世紀末から十六世紀にかけての気候の寒冷化によって、フランスでワインの発酵《はっこう》がうまくいかず、ワインが発泡性《はっぽうせい》をもったことにはじまります。つまり、シャンパンの泡の正体は、アルコール発酵による二酸化炭素です。

当初は、ワインの発泡性は嫌《きら》われていました。その泡をなくすように命じられたのが、二十九歳《さい》の若きカトリックの修道士、ドン・ピエール・ペリニョン（一六三八—一七一五年）でした。下戸《げこ》でお酒に疎《うと》い人でも、高級シャンパンにつけられたその名の通称《つうしょう》「ドンペリ」は聞いたことがあるでしょう。

こうしてドンペリさんは、泡をなくすべく奮闘《ふんとう》したのですが、人びとは気まぐれで、時が経つとこんどは泡があるワインのほうがおしゃれという風潮になり、つぎはワインの発泡性を増すように命じられたのだそうです。彼《かれ》のいちばんの功績は、栓《せん》をするのにコルクをもちいたことです。Ⅲ章でくわしくお話ししますが、コルクは、まさしく泡の

ドン・ピエール・ペリニョン

申し子です。コルクによってワインを密閉できるようになり、その発泡性を増すことができるようになったのです。

シャンパンの泡はじつに優雅《ゆうが》です。シャンパングラスの中にさくらんぼが入っていることがありますが、フルートグラスの中を、泡がくっついたさくらんぼがのぼり、水面に達すると泡がなくなって落ちていくようすは、ずっと見ていても飽《あ》きることがありません。泡には、さくらんぼを持ちあげるほどの力があるわけです。

～溶《と》けている気体と泡《あわ》になる気体

かきまわされて泡《あわ》が出る洗剤溶液《せんざいようえき》と違《ちが》って、シャンパンや炭酸水は、液体の中で自然に泡ができてきます。ビールの中の泡もそうです。この泡について考えてみたいと思います。

空気中の気体分子が、水と空気の境界面を越《こ》えて水中に入りこむことがあります。たとえば、魚は水面から水中に入りこんだ酸素をとり入れて呼吸しますが、その酸素は泡として液体中にあるわけではありません。酸素は水に溶《と》けこんだ溶存酸素として存在し、魚は、この溶存酸素を水ごと体内にとりこんでいます。

≡ミリバブルとマイクロバブル②≡ マイクロバブルは、消滅《しょうめつ》のさい、さらに小さな泡《あわ》を大量に発生させる。この無数の極小の泡は、水質浄化《じょうか》に役立つと考えられている。また、境界面の表面積が大幅《おおはば》に増加し、水中の溶存《ようぞん》酸素を増やすことができるため、養殖《ようしょく》にも利用されている。

ある物質が水に溶けているというのは、水の中に分子レベルで散らばっていって、水分子と手をつないだり、すきまをぬって液体中を動きまわったりしている状態です。

たとえば、塩化ナトリウム（食塩）はナトリウムイオンと塩化物イオンに分かれて水分子と引きあい、水の中に溶けます。こうして溶けた水、食塩水は透明《とうめい》です。片栗粉《かたくりこ》は、溶けません。片栗粉を入れた水をかき混ぜても不透明なままで、時間が経つと、片栗粉が底に沈澱《ちんでん》します。

酸素や二酸化炭素が水に溶けた場合、その存在は目で見ただけではわかりません。一方、水に溶けていない気体分子は、一つところに集まって気泡《きほう》として存在します。その場合、どんなに気泡が細かくても、溶けておらず、水に混

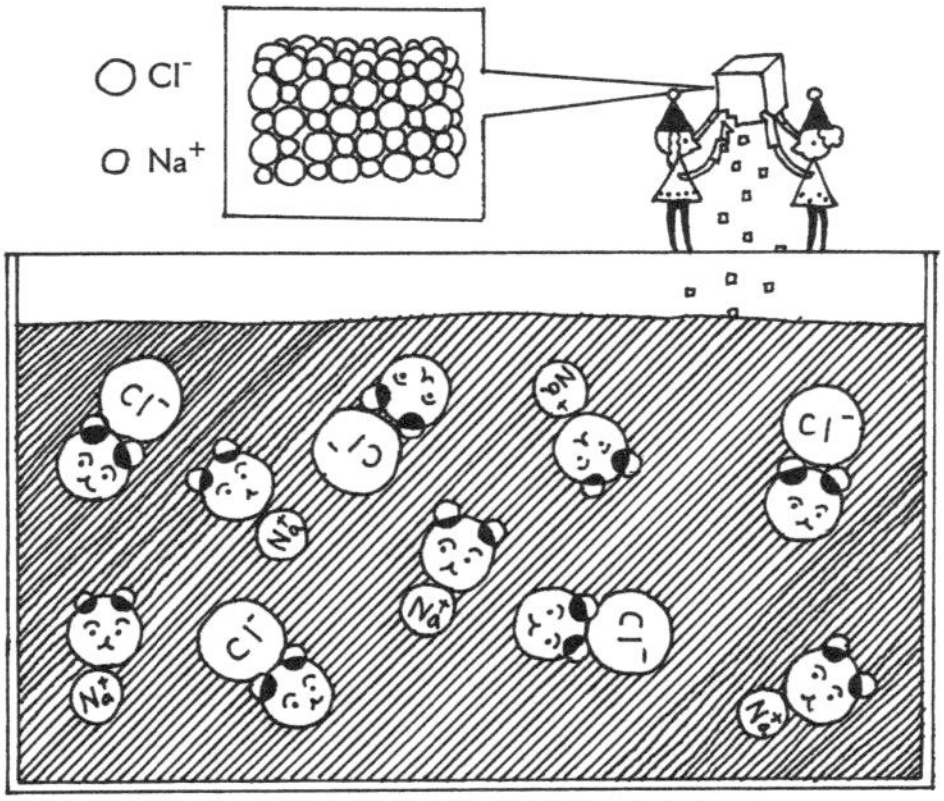

食塩水ができる瞬間。プラスのナトリウムイオン（Na^+）が水分子のマイナス側と、マイナスの塩化物イオン（Cl^-）が水分子のプラス側とくっつく

ざっている状態です。この気体の存在は、目で見てわかります。シャンパンや炭酸水のように、あきらかに泡として見えなくとも、たとえばマイクロバブルとよばれる微《び》細《さい》な泡が混ざった水は、白濁《はくだく》して見えたり、光を当てると靄《もや》のように見えたりします。もっとも、これらは気泡として十分に育つ大きさをもたないサイズの泡なので、時間が経つと、上昇《じょうしょう》しながら消えて、溶けた状態になってしまいます。

∾ 溶《と》けている気体が泡《あわ》になるとき

液体の中に溶《と》けこんでいられる気体の量は決まっています。分子レベルの細かい粒《つぶ》の世界を想像してみましょう。たとえば水分子の中に、酸素や二酸化炭素などの気体分子が割りこみます。みんな動きまわっていて、あまりに混みあったらじゃまですから、よけいな気体分子は追いだされます。

温度が低いと、水分子の動きは鈍《にぶ》いですから、気体分子は少し多めに紛《まぎ》れこむことができます。温度が上がると、たがいの分子が元気になり、気体分子は外にはじき出されることになります。

また、大きな圧力で押《お》さえつけられていると、気体分子は液体の中に閉じこめられ

≡気泡《きほう》の小ささの限界≡ 外からの圧力が中の気体の圧力を超《こ》えると、気泡は形を保てなくなり、収縮し消滅《しょうめつ》する。泡《あわ》の姿でいるためには、内側の気体の圧力が周囲の圧力に負けないだけの大きさが必要となる。水中の気泡が存在できる大きさに直径およそ65μ《マイクロ》mが境目といわれる。

たまま飛びだしにくい状態になります。液体の中の分子が混みあっていて、自由自在に飛びまわる気体ほんらいの姿になれないので、気泡《きほう》の状態になることも難しく、ガマンして溶けています。液中に気体を溶かしておくためのかぎは、温度と圧力です。シャンパンやビールといったおいしい泡《あわ》の飲みものも、この点をくふうして利用しています。

液体の中に溶けている気体は、バラバラに散らばって液体分子のあいだに紛れこんでいるわけですが、できれば液体のない空間で自由に飛びまわりたいものなのでしょう。液体の表面から逃《に》げだす以外にも、気体どうしで集まるきっかけの空間があると、すぐにそこに気泡となって現れます。とくに、炭酸飲料や、ビールとかシャンパ

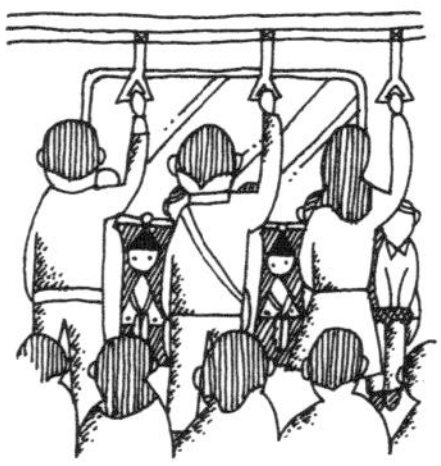

温度が低く、水分子に紛れこめた気体分子

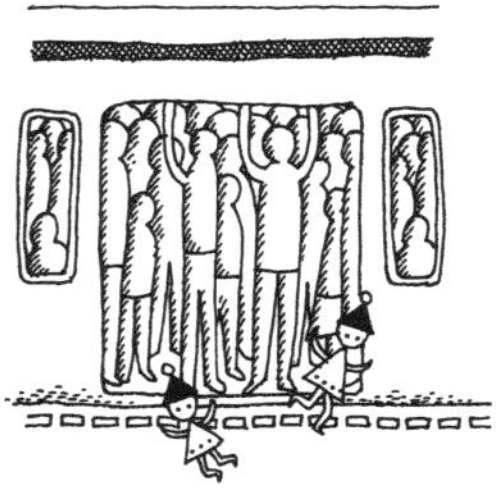

温度が上がり、はじき出される気体分子

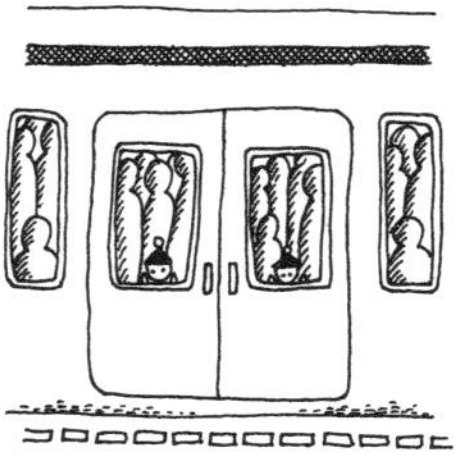

大きな圧力で水分子に閉じこめられた気体分子

ンなど瓶《びん》や缶《かん》に入った発泡性の飲みものには、常温常圧で溶けこめる以上の気体が高い圧力をかけて溶かしこまされ、栓《せん》をしてあります。ですから、栓を開けて周囲の圧力と同じにしたとたん、押しこめられていた気体分子が外に逃げだしはじめます。

とはいえ、栓を開けただけでそっとしておくと、開けた瞬間《しゅんかん》、口のところにいっきに泡がのぼったあとは、液体は静まり、気泡はほとんど生じてきません。ところが、グラスに注ぐと、気泡がたくさん現れ、底のほうからどんどんのぼってきます。同じ液体なのに、なぜグラスに注いだときだけ気泡が現れるのでしょうか。気泡が生じるきっかけになる何か——それが、この疑問の答えになります。

～泡《あわ》のはじまりの核《かく》

液体中に気泡《きほう》ができるきっかけはさまざまですが、一般《いっぱん》に、「核《かく》」が生じる必要があります。

ここでいう「核が生じる」とは、液体の中に、異なる相である気体が出現することを意味します。気体とみなせる状態、自由に動きまわれる状態で、液体中に分子の占《し》める場所ができること、ともいえます。この小さな小さな場所は、ある程度の大きさ

≡沸騰《ふっとう》すると出る泡《あわ》≡ 水に溶《と》けた気体ではなく、水そのものの状態変化。水が水蒸気になったもので、液体の中に気体があるので、泡の仲間ということになる。鍋《なべ》で熱するときには、火に近く熱い底や側面にある水から温まって気化するので、泡は鍋の内側表面にできる。

を占めないと、周囲の液体の圧力に負けて、すぐに消えてしまいます。ある大きさを超《こ》えると、気体の圧力で液体の圧力に対抗《たいこう》して、かんたんに消えなくなります。この境目となる大きさを「臨界半径」とよび、対象となる液体と気体をつくっている分子の種類、温度、圧力などで決まります。臨界半径を上回る大きさの核があると、そこには周囲の液体の中に溶《と》けている気体がどんどん飛びこんできて、大きな気泡に育っていきます。

ただ、静止した液体の中にいきなり核を発生させるのは、とても難しいことです。液体は分子がたがいに手をつなぎ、場所を入れかえ、向きを変えながら動きまわっている世界です。分子はかんたんに引きはなすことのできない力で引きあっているので、それをひき裂《さ》いてすきまをつくり、液体中に散らばっている気体分子を集めて気泡にするには、たいへん大きなエネルギーが必要になります。

はなから核を内包した不純物が液体の中にある場合、話はかんたんです。ふつうのグラスに炭酸水やシャンパンを注いだときが、これにあたります。

それでは、シャンパンの泡《あわ》ができるしくみについて、くわしく見てみましょう。

シャンパングラスの同じ場所からつぎつぎに気泡が発生してくるのを見ることがあ

りますが、そこにははじめから核を内包した不純物があり、それが気泡をつくりだす引き金になっています。

不純物はグラスを拭《ふ》いた布巾《ふきん》などの繊維片《せんいへん》で、この存在が、美しい気泡をつぎつぎに発生させます。繊維は、ミクロレベルで見ると、小さな気泡をはじめから抱《かか》えこんだ形で、シャンパンの底に沈《しず》んでいます。繊維に包まれたこの気泡が、核です。核は、繊維の内側から動くことはないのですが、臨界半径より大きいので、シャンパンに溶けこんでいた二酸化炭素の分子がどんどん飛びこんできて、気泡が育ちます。しかし、繊維に抱えこまれているので核そのものは動かず、育った気泡はちぎれて上にのぼっていきます。そしてまた、残った核に二酸化炭素が集まってくるといった案配です。

繊維の中の核からちぎれ、育っていくシャンパンの泡

≡水流中にできる空気柱の研究①≡ 結城明姫《ゆうきあき》さん（小学4年生）は、蛇口《じゃぐち》から出る水の中に空気の柱ができることに気づいた。定規とストップウォッチで、伸《の》び縮みする空気柱の長さを測ると、温度が高いほどよくできて短いうちにちぎれ、低いとゆっくり長く伸びることがわかった。

育った気泡はつぎつぎにちぎれてのぼっていくので、同じ場所からどんどん気泡が発生することになります。

クリーンルームのような環境《かんきょう》で保管された（つまり、よけいな物質がついていない）グラスに気泡ができないのは、気体の集まる場所としてのこのような核がないためです。また、泡がおさまったシャンパンの瓶《びん》の底から気泡が上がっていかないのも、気泡にとって都合のよい核が、瓶の底には存在していないからです。充填時《じゅうてんじ》にはあったのかもしれないホコリが内包した微細《びさい》な核も、長い時間とともにいつのまにかその場所から押《お》しだされ、水面から外に逃《に》げてしまうのだと考えられます。

～ホールから核《かく》が生まれる場合

繊維《せんい》やホコリなどの不純物からではなく、核が生まれる場合もあります。そんな核の発生は、完全には解明されてはいませんが、さまざまなモデルが考えられています。有力なモデルをかんたんにご紹介《しょうかい》しましょう。

さきほど、液体は分子どうしが手をつなぎ、すきまなく続いていると書きましたが、じつは分子の世界の大きさで見ると、しっかり結びついて動きまわる液体の分子

シャンパンの泡《あわ》の音

シャンパンといえば、注ぐときやグラスの中での発《はっ》泡音《ぽうおん》が、銘柄《めいがら》によってまったく異なることで知られています。どれも密やかで上品な美しい音色です。

一方、同じ気泡でも、水槽《すいそう》のエアーポンプの泡からは、ポコポコボコボコという優美とは言いがたい音がします。シャンパンに比べると、エアーポンプの泡《あわ》は、見るからにサイズも大きく、水中を不規則に変形し、振《しん》動《どう》しながらのぼっていくので、騒《さわ》がしい音になるのです。

シャンパンの泡は核《かく》で育って、その場から離《はな》れて上昇《じょうしょう》しますが、最初の二、三センチメートルはほとんど等速でのぼっていくように見えます。そして上昇すると、だんだん大きくなる度合いが高まり、浮力《ふりょく》が増して速くなります。その過程でも、道筋はほとんど直線、とてもスマートな光景といえましょう。

発生した泡が育ちながら上昇していくので、液体にわずかな振動を呼びおこすわけですが、一か所で成長し、十分大きくなると自然にちぎれ、その段階でもまだ細かいままで上昇が均等なので、シャンパンの泡の音は静かな響《ひび》きとなるのです。

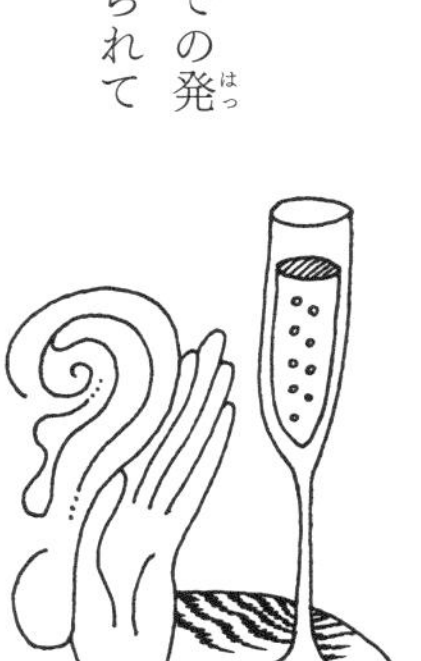

≡水流中にできる空気柱の研究②≡ 蛇口《じゃぐち》から空気柱ができるのが不思議で、蛇口を分解したら、網《あみ》が2枚出てきた。この網にはゴミ取りと、栓《せん》を締《し》めた後の水滴《すいてき》の漏《も》れを水の表面張力を利用して防ぐ目的があるが、2枚の網の重なり方で、空気柱の出方が違《ちが》うことも見つけた。

たちのあいだにも、微細《びさい》なすきまがあると考えられています。このすきまを「ホール（穴）」とよびます。

　ホールは存在してはいるものの、まわりの分子がしっかり手をつないでいるので、液体の中で極端《きょくたん》に圧力の高低ができたりしないかぎり、ホールの大きさは変化することもなく、泡《あわ》の立場から考えたら、ないも同然です。

　ところが、このホールには、ふとした拍子《ひょうし》に液体に溶《と》けこんだ気体分子などが飛びこむことがあります。また、手をつないでいる分子たちから離《はな》れてはぐれていた液体分子が飛びこんで、ホールの周囲の分子の状態が乱れ、ホールが変形して広がることもあります。その確率は、周囲の液体の圧力が変わると変わります。一般《いっぱん》に、まわりの圧力が下がるとホールは広が

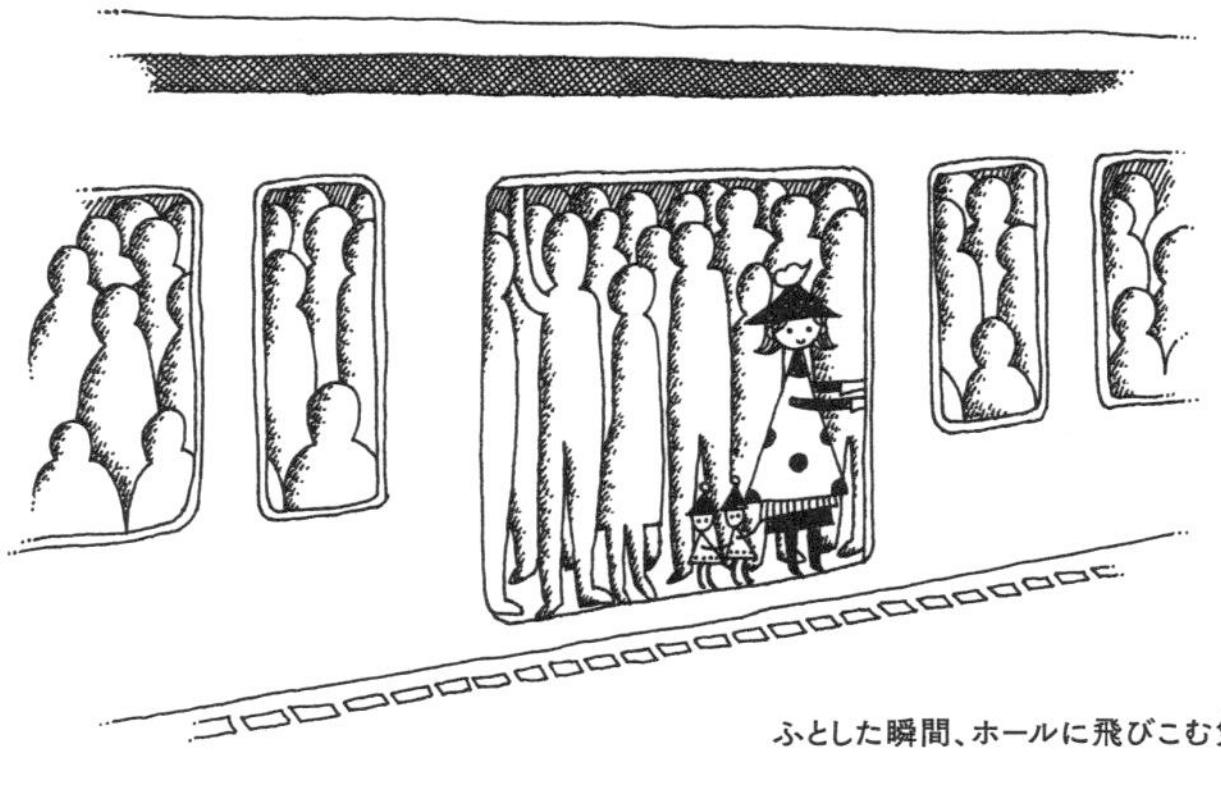

ふとした瞬間、ホールに飛びこむ気体分子

りやすく、周囲から分子が飛びこみやすくなり、反対に、まわりの圧力が上がるとホールは狭《せば》まり、中に入りこんでいた分子が追いだされると考えられています。

それでも、ただ圧力が上がるだけでかんたんにホールが気泡《きほう》につながるほど大きくなるかというと、どうもそうではなさそうです。ふとした理由で、それこそわけのわからない不純物や容器の境界面の不均一のせいで、液体分子の結びつきが乱れ、弱いところが出てくると、はぐれる分子も増えます。そして、不純物のすぐそばではすきまの形状も乱れやすく、ホールに飛びこむ分子も増え、ホールが大きめになるところも出てきます。これでようやく、核《かく》が生まれたと考えていいでしょう。こうして生まれた核に、自由になりたい気体分子があっというまに飛びこみ、気泡の赤ちゃんになり、その後はどんどん気泡が育つというわけです。ある種の不純物や不均一は、泡から見ると、分子間力を乱してホールから核を発生させる勇者とよんでよさそうです。

～シャンパンとビールの泡《あわ》を比べると

さて、シャンパンの泡《あわ》もビールの泡も、グラスの底のほうでできた泡は、まわりのまだ過飽和《かほうわ》の状態の二酸化炭素をとりこみ、体積が大きくなったぶん、浮力《ふりょく》も大きく

☰水流中にできる空気柱の研究③☰研究は高校でも続けられた。この空気の柱のもとは泡《あわ》。水道水に溶《と》けている気体が、網《あみ》にぶつかった瞬間《しゅんかん》の水流の圧力変化で気泡化《きほうか》し、合体して巨大化するが、水の流れで細長く引きのばされていって、やがてちぎれていくことがわかった。

なって、どんどん上昇《じょうしょう》します。

そして、シャンパンもビールも、ふくまれているタンパク質や多糖類が界面活性剤《かいめんかっせいざい》となって、泡を保護します。しかし、ビールにはシャンパンよりこれらの成分が多くふくまれているため、泡の膜《まく》がしっかりしていて固いのです。また、シャンパンにふくまれる二酸化炭素の量はビールの約三倍あり、泡の成長率も三倍です。つまり、シャンパンの泡はビールの泡よりも大きくなりやすく、それにともなって浮力も大きくなり、さくらんぼを持ちあげるほどの力になるのです。ですから、シャンパンの泡とビールの泡を比べると、ビールの泡のほうがゆっくり上昇していきます。パーティーなどで、二つを見比べられる機会があったら、ぜひ注意深く観察してみてください。

入浴剤《にゅうよくざい》でホッと

入浴剤《にゅうよくざい》には、二酸化炭素の泡《あわ》が発生するものがあります。お湯に溶《と》けた二酸化炭素は皮膚《ひふ》から吸収され、直接、血管の筋肉へ働きかけ、血管を広げます。血管が広がると末梢《まっしょう》血管の抵抗《ていこう》が弱まるので血圧が下がり、血流量が増えます。その結果、全身の新陳《しんちん》代謝が促進《そくしん》され、疲《つか》れや痛みなどが回復します。また、増えた血液の流れが、お湯で温まった体の表面の熱を全身へと運び、身体の芯《しん》まで温まることになるのです。

●炭酸入浴剤のつくり方

① 炭酸水素ナトリウム（重曹《じゅうそう》かベーキングパウダー）大さじ一杯《ぱい》とクエン酸大さじ一杯をコップに入れ、よくかき混ぜる（スーパーや薬局で入手可能）

② ①に好きな香料《こうりょう》を加えてから、粉末がサクサクした状態になるまでエタノール（薬局で入手可能）を少量加えてかき混ぜる

③ 型に入れて押《お》しかためる

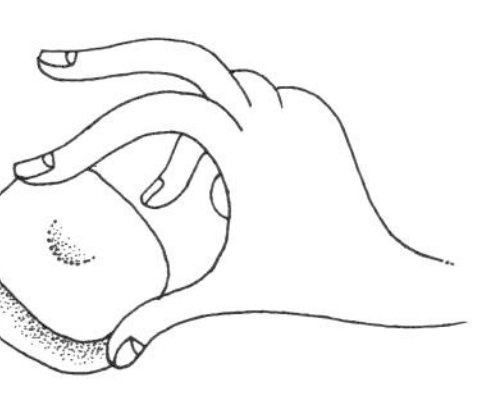

≡水流中にできる空気柱の研究④≡ 空気柱の発生条件を満たした管が浮力《ふりょく》のない宇宙空間にあれば、どの向きでも空気柱は発生しうる。水道で見つけた現象は、実験装置や燃料配管、さらには血管など、管内の網《あみ》を液が通過するほかの場面でも起こりうると、彼女は結論づけた。

III

はてしなき泡《あわ》の世界

——細胞《さいぼう》と宇宙のよく似た構造

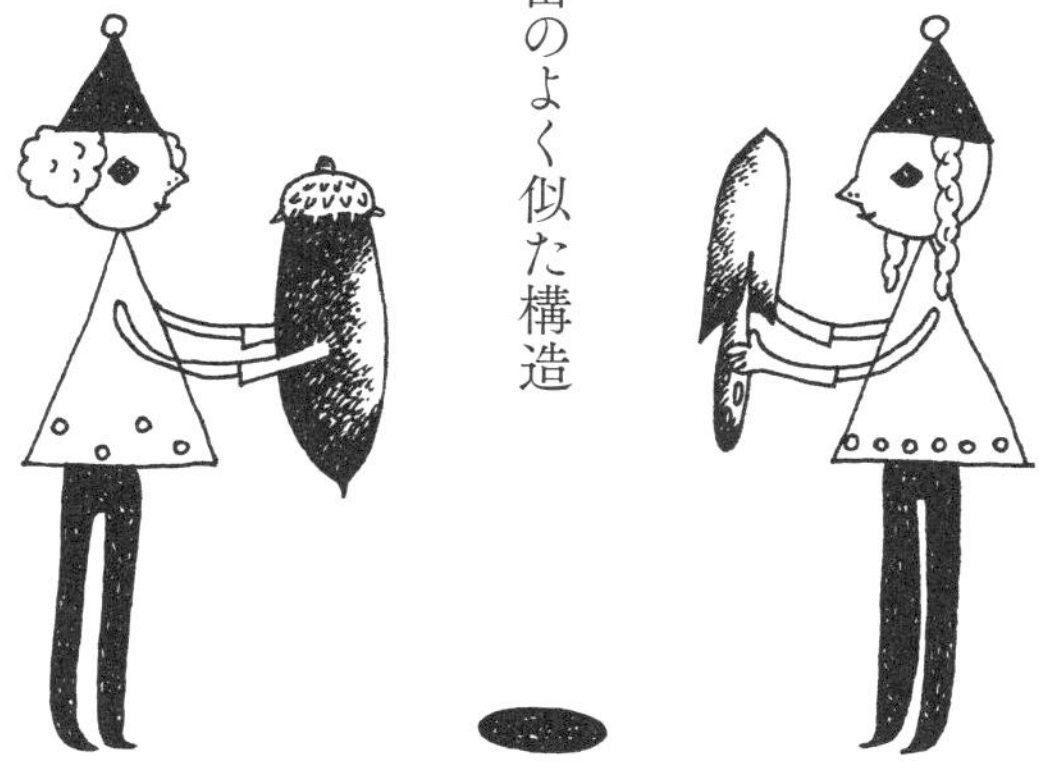

～パンの形をつくる泡《あわ》

ここからは、気体と固体、液体と固体、つまり泡《あわ》をつくる相のひとつが固体のものをとりあげていきます。これらは、「泡構造」といいます。

泡構造のでき方はさまざまですが、特性は似通っています。また、人間はさまざまなところでその特性を利用するために、人工的に泡構造をつくったりしています。

まずとりあげるのは、パンです。パンは、その泡を、形状を保ったまま焼き固めて泡構造にしたものです。

パンもまた、ビールと同じくらいの古い歴史をもっています。その歴史のはじまりにおいて、パンの原料は大麦でした。その後、小麦やとうもろこしなどが使われるようになり、これらの穀物を挽《ひ》いた粉を水で溶《と》いて焼いた、無発酵《むはっこう》パンが食べられていました。インドのチャパティやナン、中国の餅《ピン》、メキシコのタコス、フランスのクレープといったものが、その名残りです。

酵母《こうぼ》で生地を発酵させた現在のパンに近いものができたのは、紀元前三〇〇〇年頃《ごろ》の古代エジプトといわれます。パン生地を発酵させ、焼きあがったパンに泡が入ることで、やわらかく、口あたりがよくなり、おいしさが増します。

パンの基本的な材料は、小麦粉・酵母・塩・水です。パンづくりに不可欠な酵母（英語名＝イースト）は、単細胞《たんさいぼう》の菌《きん》で、小麦粉にふくまれる糖分を食べ、アルコールと二酸化炭素に分解します。この二酸化炭素がパンをふくらませます。そして、パンならではの香《かお》りや味も、酵母のなせるわざです。酵母のかわりにベーキングパウダーや重曹《じゅうそう》を使っても、パンをつくることができます。

重曹は炭酸水素ナトリウムの別名で、ベーキングパウダーの主成分は炭酸水素ナトリウムです。炭酸水素ナトリウムは熱によって分解され、二酸化炭素が発生します。

小麦粉に水を加えてよくこねると、グルテンというタンパク質によって粘《ねば》りが出て、パン生地に発生する二酸化炭素を閉じこめます。こうして、膜《まく》で隔《へだ》てられた二酸化炭素の泡ができます。ブクブクとたくさんの泡が発生しますから、パンの泡も、フォームといえるでしょう。

この、やわらかく粘り気のある生地は、焼かれると固まります。このとき、グルテンはパンの骨組みになります。鉄筋コンクリートのビルにたとえると、グルテンが鉄筋で、小麦粉の主成分デンプンがコンクリートでしょうか。

このように、フォーム状の泡は、しっかり固めて利用されることもあります。

≡**発酵《はっこう》させない種なしパン①**≡ ユダヤ教やキリスト教では、酵母《こうぼ》を使わない無発酵のパンを種なしパンという。キリスト教のミサでパンとよぶものもそうで、ウエハースの一種。出エジプトを記念するイスラエルの春の過越祭《すぎこしのまつり》では、マクドナルドのハンバーガーも種なしパンになる。

ところで、泡の大きさで、パンはずいぶんと印象を変えます。

イギリスパンは、切ってそのままかトーストして食べることが多いので、気泡《きほう》を大きめにして口あたりをよくしています。

いわゆる食パンは、何か挟《はさ》んで食べることが多いので、野菜やハムの水分でべちゃべちゃしないように、また、バターが塗《ぬ》りやすいように、きめ細かな気泡になっています。

〜お菓子《かし》に料理に、活躍《かつやく》するメレンゲ

そしていよいよ、泡《あわ》のおいしさの真骨頂ともいうべき、メレンゲについてです。

メレンゲが発明されたのは、一七二〇年です。スイス人シェフのガスパリーニが、卵白を

泡《あわ》でふくらむカルメ焼き

パンづくりは大がかりですが、カルメ焼きなら、比較的《ひかくてき》かんたんにつくれます。

① 卵白少々に炭酸水素ナトリウム（重《じゅう》曹《そう》）を加え、ソフトクリームくらいの固さになるまでかき混ぜる

② さらに砂糖を少し加えて練る

③ おたまに砂糖を五、六分目入れ、浸《ひた》るていどに水を入れて加熱する。ときどきかき混ぜ、百二十五度になったら火から下ろし、十数えて待つ

④ ③に②を大豆粒《だいずつぶ》くらい加え、全体が白くなるまでかき混ぜる

⑤ ふくらむのを待つ

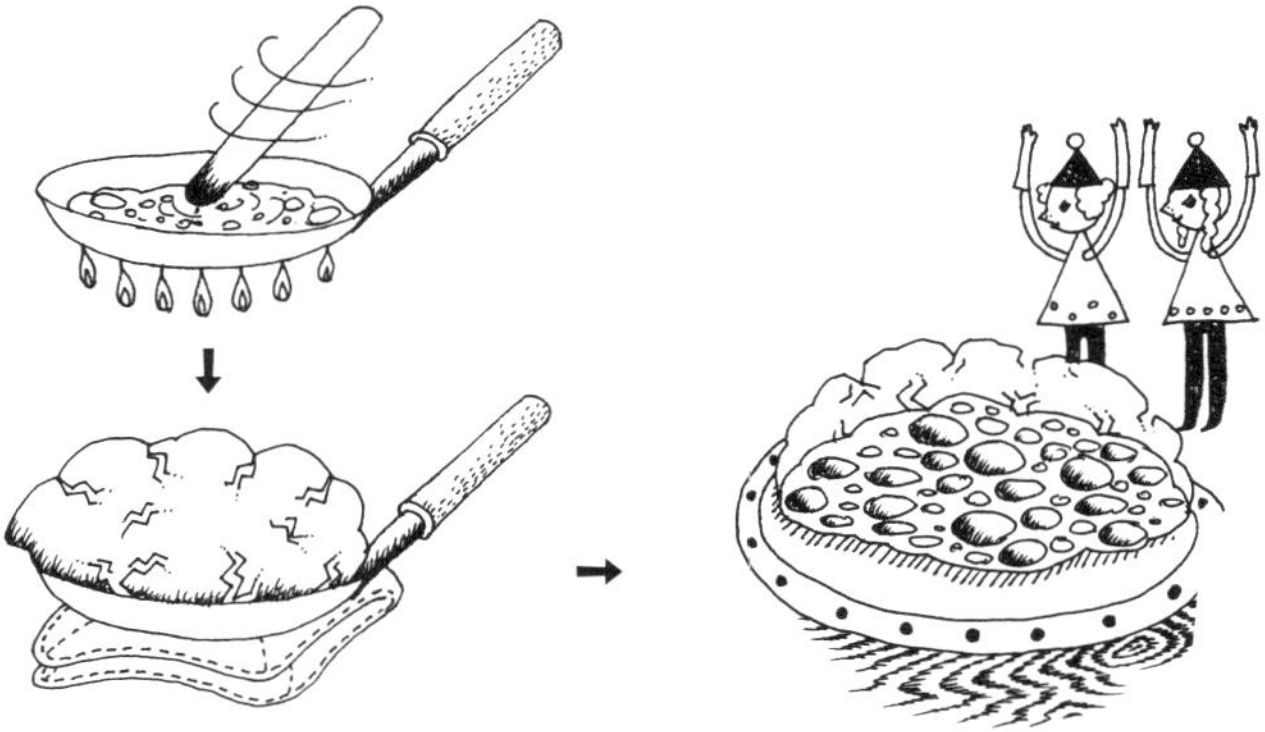

≡発酵《はっこう》させない種なしパン②≡ かつてヨーロッパでは、やわらかく軽いパンを食べられるのは上流階級にかぎられていた。イスラエルで過越祭《すぎこしのまつり》に種なしパンを食べるのは、出エジプトのさいパンを発酵させる時間がなかったことを思いおこすためだが、ぜいたくを戒《いまし》める意味もある。

泡立ててメレンゲをつくりました。メレンゲという名前は、ガスパリーニの故郷の町・マイリンゲンにちなんでつけられました。その後、フランス料理では、メレンゲがスフレへと進化していきます。

メレンゲは、卵の白身を泡立てます。泡の中身はもちろん空気で、周囲も空気なので、「同じ相どうし」の泡です。泡の壁《かべ》になるのは、白身の中のタンパク質です。白身に少しでも黄身が混じると、とたんに泡立たなくなるといわれることがありますが、どうやらそれは、厳格なシェフの主張のようです。

ホイップクリームの泡では、乳脂肪《にゅうしぼう》が空気をとり囲む壁になりましたが、メレンゲの場合、壁がタンパク質なので、脂肪は泡立ちのじゃまになります。そのため、バターなどの脂肪が混じると、たしかに泡立ちは悪くなります。しかし、黄身にも脂肪がふくまれていますが、それほど影響《えいきょう》はありません。白身と黄身をいっしょに混ぜて泡立てる「共立て」という方法もあるくらいです。

これは、黄身の脂肪の状態に秘密があります。黄身は、水分の中に脂肪、つまり油分が分散しています。ほんらい混じりあわない水分と油分ですが、黄身の油分はレシチンという天然の界面活性剤《かいめんかっせいざい》で覆《おお》われているため、混じりあうことができるのです。このように、脂肪の影響力が弱いので、黄身は泡立てを直接じゃますることはないのです。

ですから、メレンゲをつくるさいに、卵を割り白身を分けたとき、黄身が少し混じっても、やりなおす必要はありません。かまわず泡立ててしまえばいいのです。

メレンゲづくりには、銅製のボウルを使うのが最適とされています。食品調理化学の大家であるハロルド・マクギーの実験によれば、卵白をかきまわすときに、ボウルの内側から少量の銅が削《けず》りとられて銅とタンパク質の化合物ができ、単独のタンパク質よりも安定して良質なメレンゲができるのだそうです。マクギーは鉄や亜鉛《あえん》のボウルでも試みましたが、適当な化合物をつくることができるのは銅だけという結果になりました。

メレンゲ菓子《がし》では、砂糖を入れるタイミングも重要です。砂糖には、卵白が変性を起こして壁をつくるのを抑制《よくせい》する働きがあります。最初の段階から加えてしまうと、なかなか気泡《きほう》の壁をつくることができません。ですから、まず卵白だけを泡立て、かなりしっかりと泡立った状態で一部の砂糖を加え、さらに泡立てながら残りの砂糖を少しずつ加えていきます。

こうして泡立ったメレンゲを焼くと、中の空気は膨張《ぼうちょう》してふくらみ、タンパク質は固まります。

≡イーストって、どんな菌《きん》？①≡ イースト菌は、パンに適した単種の微生物《びせいぶつ》を純粋培養《じゅんすいばいよう》したもので、パンに使われる酵母《こうぼ》の代表。むかしながらのパン種である「天然酵母」と区別されるが、イースト菌も天然の酵母である。

メレンゲをさらに進化させた料理に、スフレがあります。

スフレは、料理として食べるものと、甘いデザートとして食べるものがあります。どちらの場合も、小麦粉、ミルク、バターを基本にして、卵やチーズ、チョコレートなどを加え、そこにメレンゲを混ぜて、オーブンに入れて焼きます。

スフレづくりは、シェフの腕《うで》の見せどころです。材料の吟味《ぎんみ》、卵の新しさ、メレンゲの混ぜ方……。おいしいスフレをつくるために、みなさんこだわりがあるようです。

オーブンに入れたスフレは、もとの三倍ほどの大きさにふくらみます。空気の膨張《ぼうちょう》もありますが、ミルクなどの水分が水蒸気になったことにもよります。空気は温度が一度上がるごと

に、零度《れいど》のときの体積の二百七十三分の一ずつふくらみます。ところが、水が水蒸気になるときには、千七百倍の体積になります。メレンゲは、おもに空気がふくらむので、それほど劇的にはふくらみません。スフレはメレンゲよりも多くの水分をふくむ材料をもちいるので、大きくふくらむわけです。

また、パンと同じように、卵や小麦粉のグルテンのタンパク質が、泡の壁をつくります。しかし、どんなに完璧《かんぺき》につくったスフレも、オーブンから出したとたんに悲しいくらいしぼんでしまいます。そこから、「スフレのようにしぼむ」は、欧米では社会での失敗やものごとの崩壊《ほうかい》のたとえになっているほどです。これは、パンほど泡の壁が固くないからです。

～ベイクド・アラスカ――熱をさえぎる泡《あわ》の壁《かべ》

ところで、泡状《あわじょう》の素材が断熱材として使われることはよく知られています。わかりやすい例は発泡《はっぽう》スチロールですが、泡をふくんだ素材は、たくさんの空気で満ちています。空気には熱が伝わりにくいという性質があり、それを利用しているのです。熱伝導率は、鉄が八十四、ガラスが一、水が〇・六であるのに対して、空気は〇・

≡イースト って、どんな菌《きん》？②≡ 市販《しはん》のドライイーストに水を加えて練り、砂糖を加えると、プクプクと泡《あわ》が発生する。この泡の正体は二酸化炭素で、イースト菌が砂糖をアルコールと二酸化炭素に分解することによって出てくるもの。この泡は、ドライイーストが生きていることの証《あかし》。

○二四一という低さです（単位W／m・K）。

この空気の泡がもつ熱の伝わりにくさを利用した素敵なお菓子《かし》が、「ベイクド・アラスカ」です。これは、アイスクリームをメレンゲで覆《おお》い、火であぶってメレンゲに焦《こ》げ目をつけたものです。高温のオーブンで焦げ目をつけても、中のアイスクリームは溶けだしません。温かいメレンゲと冷たいアイスクリームの組み合わせが絶妙《ぜつみょう》なおいしさを醸《かも》しだします。レストランでは、メレンゲにブランデーを振《ふ》りかけ、火をつけるパフォーマンスもあります。

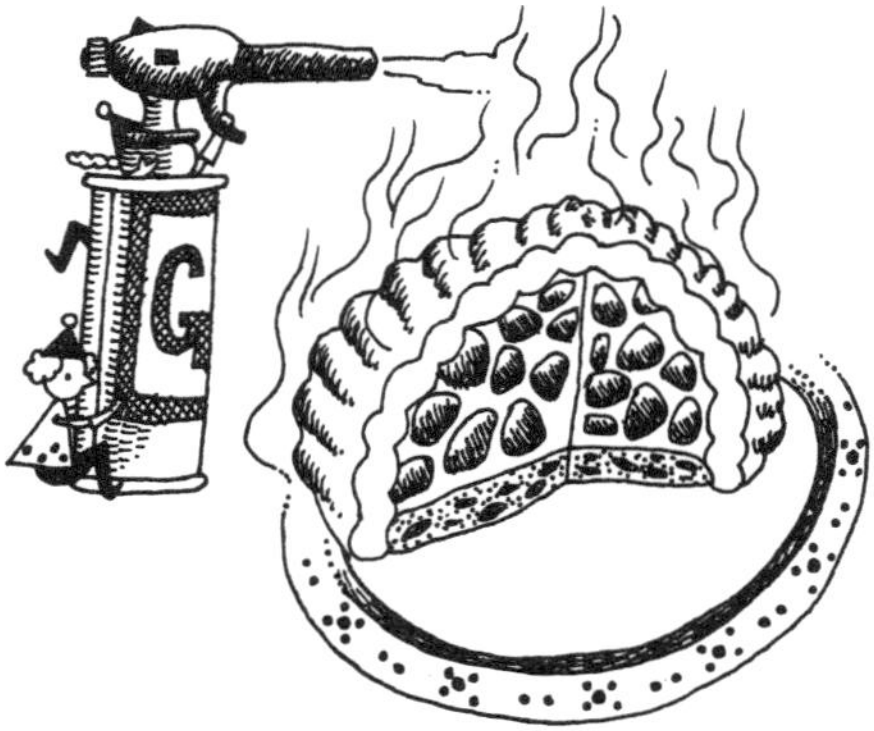

泡《あわ》の壁《かべ》を食べる寒天

ゼリーやところてん、あんみつなどに使われる「寒天」。寒天は、固体の壁《かべ》の中に気体（空気）をふくんだ食べものです。

寒天は、テングサ（天草）、オゴノリなどの紅藻類《こうそうるい》を凍《とう》結《けっ》・乾燥《かんそう》させることでつくられ、棒状や糸状のもの、粉末のものなどがあります。棒寒天のおもな生産地は、製造時期である冬の寒さがきびしく、雨や雪も少ないといった気候の特性を生かした長野県茅野市《ちのし》（諏訪《すわ》地方）です。

寒天は、紅藻類の細胞《さいぼう》の主成分である水分が蒸発し、残った細胞壁《さいぼうへき》に空気が入っている状態です。紅藻類の細胞壁には、アガロースという多糖の一種が多くふくまれていて、寒天の主成分もこのアガロースです。

アガロースの性質により、寒天は熱すると溶《と》けて、冷やすことで凝固《ぎょうこ》してゲルになります。これが、あんみつなどに入っている「寒天」ですね。寒天の凝固力はひじょうに高いので、これを混ぜてゼリーをつくったりもします。一リットルの水を固めるために必要な寒天は、わずか十グラムです。

≡外はカチコチ、中はアツアツ①≡ フローズン・フロリダというお菓子《かし》がある。つくり方は、①ジャム・砂糖・ブランデーをメレンゲで覆《おお》い、さらにチョコレートでコーティングして冷凍《れいとう》する。②食べる直前に冷蔵庫から出し、チョコレートが熱くなる手前まで電子レンジで温めて完成。

細胞《さいぼう》も人間も、泡《あわ》

泡構造《あわこうぞう》をしているのは、食べものだけではありません。まずは、わたしたち生きものの細胞《さいぼう》についてお話しします。

イギリスの科学者、ロバート・フック（一六三五―一七〇三年）は、凸《とつ》レンズを組み合わせた複式顕微鏡《けんびきょう》を使って、コルクの横断面や縦断面を拡大し、そこに小さな網目《あみめ》状《じょう》の組織があることを見いだしました。彼《かれ》はこの構造をラテン語のcellæ（小部屋）にちなんでcellとよび、一六六五年に出版した顕微鏡観察記録集『ミクログラフィア』にその詳細《しょうさい》なスケッチを掲載《けいさい》しました。

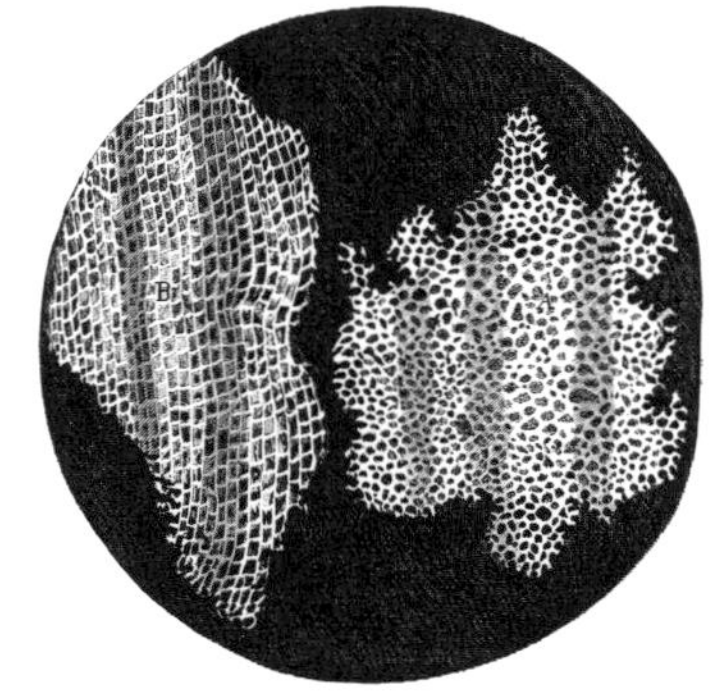

フックによるコルクのスケッチ。
右が横に、左が縦に切った断面

フック

今日、フックは、生物が細胞から成り立つことを最初に見いだした人物とされてはいますが、正確にいえば、フックが見たのは、細胞そのものではなく、コルクの細胞壁《さいぼうへき》、つまり細胞の抜《ぬ》け殻《から》です。それはフックもすでにわかっていたようで、『ミクログラフィア』の中で、「コルクの細胞は死んでいるので、穴が開いているが、生きているときは、液がつまっている」と述べています。また、「細胞」(cell)と名をつけましたが、今日わたしたちが考えているような生きものの構成単位ととらえていたわけではありませんでした。細胞そのものについての研究は、その後の科学者たちによって発展しました。

さて今日では、細胞は、液体の中身と固体の仕切りでできていて、泡の構造をしていることがわかっています。中身の細胞《さいぼう》核《かく》の存在は気になりますが、内側全体と仕切りという構造に注目しましょう。泡構造なのですから、シャボンの泡が増えていくようすと、カエルの卵の細胞分裂《さいぼうぶんれつ》は、見分けがつかないほどそっくりになります。

人間の肺は、おもに気道とその末端《まったん》の小さな小さな泡状の袋である肺胞《はいほう》からなり、両者は毛細血管で接していて、毛細血管

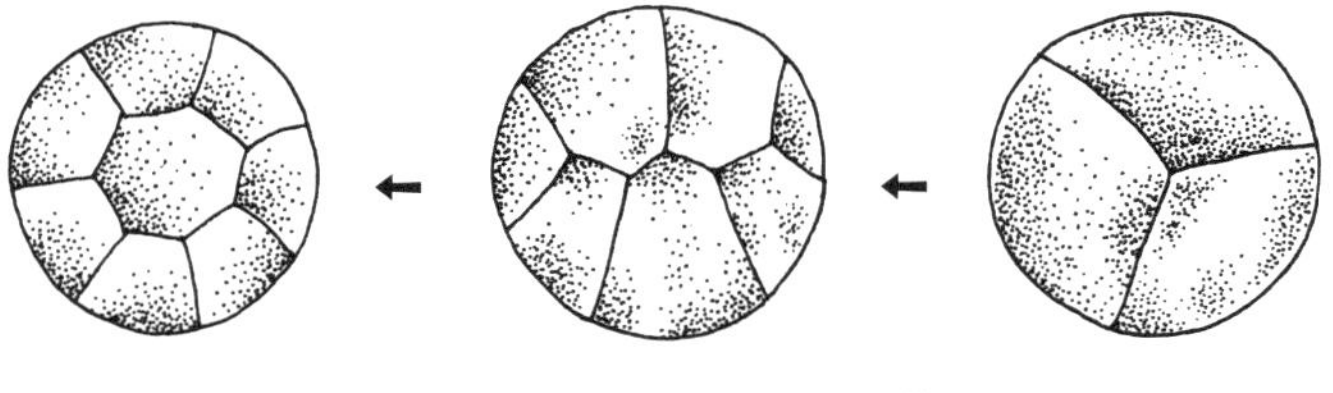

シャボンの泡もカエルの細胞も、こんなふうに増えていく

≡外はカチコチ、中はアツアツ②≡ うまくいけば、メレンゲの内側の水分の多いものは熱くなるが、メレンゲによって熱がさえぎられるチョコレートは冷たいままになる。これは、メレンゲの内側は冷たく外側は熱いベイクド・アラスカと正反対の構造。成功品をつくるのはかなり困難。

内の血液は、肺胞にためられた空気から酸素をとり入れ、二酸化炭素を放出しています。肺胞は約三億個あり、ブドウの房《ふさ》のように配置されています。

この肺胞の総表面積は約九十平方メートルにもなり、酸素と二酸化炭素の交換《こうかん》が大量に効率よくおこなわれます。もし、肺が一つの空気の袋《ふくろ》だったら、わたしたちはちょっと動いただけで、すぐに息切れしてしまうことでしょう。ちなみに、サンショウウオの肺は分割されていません。もっと進化したカエルの肺はちゃんと分割されています。動物の肺の構造と運動量には大きなかかわりがあります。

また、人間の骨は、空間がいっぱいの泡構造です。橋げたのように外部からの力を分散する構造で、強度を保ち、しかも軽いのです。

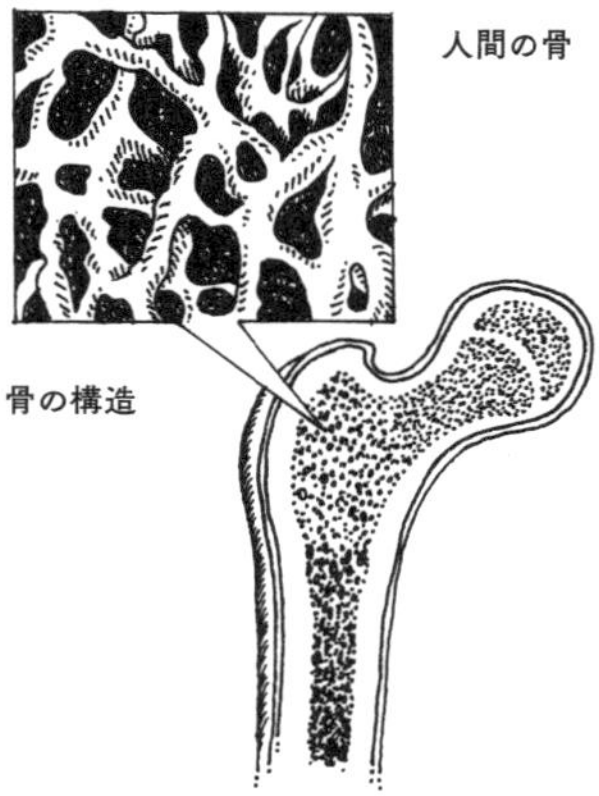

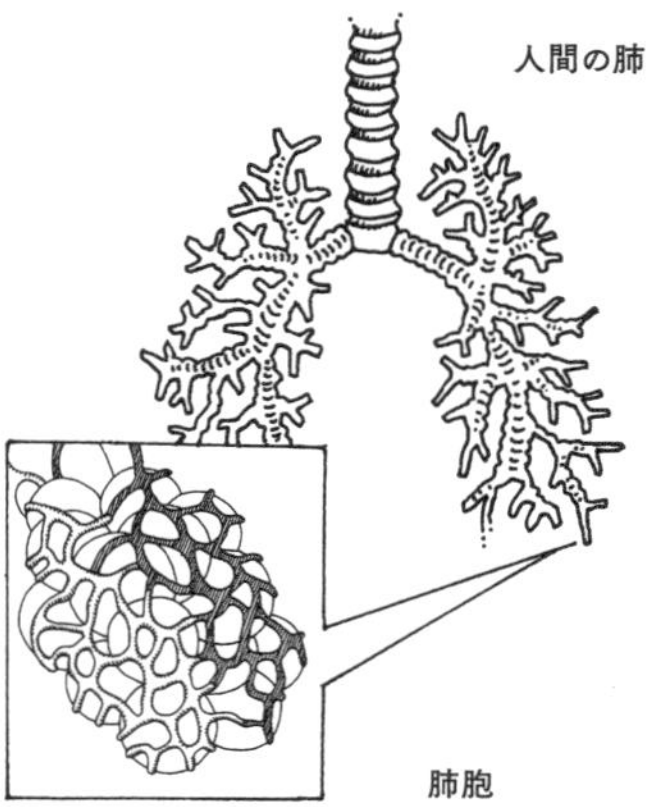

～泡《あわ》の申し子、コルク

Ⅱ章のシャンパンのところで、「コルクは泡《あわ》の申し子」と表現しましたが、コルクほど、泡構造をたくみに利用したものはありません。

コルクは、コルク樫《がし》というブナ科の木の樹皮を分厚くはぎとって使います。はがされた樹皮は丸まりをとるため平らにして積みあげられ、九十八度の熱湯につけてから加工されます。この熱湯処理で、殺菌《さっきん》され、弾性《だんせい》が増すのです。

フックは、ばねの弾性に関する「フックの法則」でも知られていますが、彼《かれ》がコルクを顕微鏡《けんびきょう》で観察したのは、コルクの弾性の秘密を解き明かそうとしたからではないかと推測できます。

もう一度、74ページのフックのスケッチを見てください。コルクは、六角柱の細胞《さいぼう》がレンガを積むように交互《こうご》に重なった構造をしています。一立方センチメートルあたり、二千万から四千万個の小さな細胞からなり、細胞が死んで、乾燥《かんそう》すると、細胞壁《さいぼうへき》で隔《へだ》てられた無数の空間、すなわち泡構造となります。空間の中の空気はその体積を容易に変えることができますし、細胞壁そのものの成分も弾性があるものからできています。つまり、コルクの弾性の秘密は、泡構造にあるのです。

≡コルクよもやま話①≡ コルクは、古代ギリシャ・ローマ時代にはすでにさかんに使われていた。ギリシャ悲劇の役者は、威厳《いげん》を示すためにコルクでできた厚底サンダルを履《は》いた。また哲学者タレスは、大地は水に浮《う》かんだコルクのようなものと考えていたとの記録がある。

コルクには、その泡構造によって、弾性以外にもつぎのような特性があります。

■軽い。

■断熱性・防音性にすぐれている。

■質感・感触《かんしょく》がよい。

■衝撃《しょうげき》や振動《しんどう》を吸収する働きがある。

また、泡構造に由来するものではありませんが、

■摩擦《まさつ》係数が高い。

■液体に対して不浸透性《ふしんとうせい》である。

■腐《くさ》りにくい。

などの性質もあります。

コルクといえば、瓶《びん》の栓《せん》の材料として、よく知られています。その弾性から密閉に適していることは言うまでもなく、ワインなどの液体が浸透せず、また天然のものであるにもかかわらず腐食《ふしょく》しにくいことも、重宝される所以《ゆえん》でしょう。

泡《あわ》の骨格をもつ動物

細胞《さいぼう》レベルでなくても、泡構造《あわこうぞう》をもっている生物がいます。海綿《かいめん》動物です。熱帯の海を中心に、海底にまるで植物のように生息しています。

おしゃれな雑貨屋さんなどで、天然海綿スポンジというものを売っています。これは、海綿動物の、細かい網目状《あみめじょう》の骨格そのものです（ちなみに「スポンジ」という言葉は、そもそも海綿動物という意味です）。古代ローマ時代の兵士は、この海綿に水をふくませて持ちあるき、乾《かわ》いたのどを潤《うるお》したそうです。

なぜ、海綿動物はその体の内部が、網目状の泡構造になっているのでしょうか。それは、人間の肺と同じように、体の内部の表面積を大きくするためです。海綿動物は体の内部を通りぬける水から、中にふくまれる微生物《びせいぶつ》などの栄養分を得ています。体の内部の表面積が大きければ大きいほど、たくさんの水が通りすぎ、たくさんの栄養を摂取《せっしゅ》できるのです。平均的な海綿動物の体内部の表面積は、外側の表面積の六十倍もあるそうです。

☰コルクよもやま話②☰ フランスの作家、マルセル・プルースト（1871-1922）は、世間の雑音から逃《のが》れて執筆《しっぴつ》に集中するため、コルク張りの書斎《しょさい》で『失われた時を求めて』を書いた。その壁《かべ》は、パリのカルナヴァレ博物館の「マルセル・プルーストの部屋」で見ることができる。

∾ 究極の泡構造《あわこうぞう》、発泡《はっぽう》スチロール

泡構造《あわこうぞう》といえば、なんといっても発泡《はっぽう》スチロールですね。天然の泡構造を人工的につくりだした発泡スチロールは、一九五〇年、ドイツで発明されました。

発泡スチロールの原料は、中に発泡剤《はっぽうざい》（ブタン、ペンタン）が入った直径一ミリメートル程度のポリスチレンのビーズです。通常、発泡スチロールは、このビーズを蒸気で加熱し、ふくらませてつくります。製品全体の体積の九八パーセントが空気でできています。そのため、同じ泡構造のコルクの性質はすべてもちながら、そのうえで、大きさや形を自由に変えてつくることができます。家電製品などの保護や冷凍《れいとう》冷蔵の食品の保存をはじめ、ちょっと見まわしただけでも、発泡スチロールはさまざまに利用されていて、わたしたちの暮らしに欠かせないものであることがよくわかります。

発泡スチロールにはちょっと意外な性質があって、不要になったときの処理に役立っています。リモネンという薬品をかけると、溶《と》けてみるみる縮むのです。リモネンは、みかんなどのかんきつ類の皮にもふくまれているので、発泡スチロールのもつこの性質は、家庭でもかんたんに確認することができます。ポリスチレンとリモネンは分子構造が似ているので、相手に混じりこみやすい、つまり溶けやすいのです。

～マグマの泡《あわ》がつくる軽石

さらに、地球がつくる泡構造《あわこうぞう》もあります。その一つが、軽石です。

火山が噴火《ふんか》すると、火山噴出物が放出されます。火山噴出物には、溶岩《ようがん》・火山ガス・火山砕屑物《さいせつぶつ》があり、火山砕屑物のうち、多孔質《たこうしつ》で白っぽいものを軽石といいます。

噴火のさいにマグマが地下から上昇《じょうしょう》し、マグマに溶解していた気体が減圧のため泡《あわ》になります。ちょうど、二酸化炭素が溶けている炭酸水が入った瓶《びん》の栓《せん》を開けたような状態です。その気体の泡が冷えた岩石成分に閉じこめられて、多孔質になります。

軽石は、その名のとおり軽いので、水に浮《う》きます。そのため、海岸近くの火山の噴火によっ

≡**コルクよもやま話③**≡ 硬式《こうしき》野球のボールは、コルクの芯《しん》をゴムで包んで毛糸・木綿糸を巻き、2枚の牛皮または馬皮（日本では牛皮）でくるみ、じょうぶな糸で縫《ぬ》いあわせてつくる。バドミントンのシャトルの半球の部分も、卓球《たっきゅう》のラケットのグリップも、コルク製。

てできたものが、遠くの海岸に流れついたりします。

軽石といえば、硬《かた》くなったかかとをこするのにもちいられますね。軽石の断面は気《き》泡《ほう》のふちで硬くぎざぎざになり、ものを磨《みが》くには好都合です。その利用の歴史は古く、古代ローマでもすでに使われていたようです。

泡《あわ》でできた宇宙

最後に、宇宙の泡《あわ》について考えてみたいと思います。

宇宙に泡？――怪訝《けげん》に思われるのも、無理はありません。宇宙はほぼ真空で、原子や分子が存在しないので、固体・液体・気体などという三態とも無縁《むえん》です。ですから、宇宙に泡が存在しているのではありません。宇宙そのものが、泡の構造をしているのです。

大昔から、人間は宇宙とはどんなものかを想像し、地域、民族、時代によって、さまざまな宇宙像が描《えが》かれてきました。古代インドでは、ヘビの上にカメが乗り、そのカメの上に乗ったゾウが世界を支えていると考えられ、古代エジプトでは、抱《だ》きあっている天の女神と大地の神を大気の神がひき離《はな》しているとされていました。

今日の科学に結びつくものとしては、二世紀頃《ごろ》に活躍《かつやく》したプトレマイオスによる天動説があります。そして、コペルニクス（一四七三―一五四三年）が、コペルニクス的転回で地動説を唱えます。しかし、まだまだ太陽系の範囲内《はんいない》です。ガリレオ（一五六四―一六四二年）、ニュートン（一六四二―一七二七年）によって地動説は確固たるものとなり、さらに、宇宙には無限の広がりがあると考えられるようになりました。けれども、太陽系の外で星々がどのように散らばっているのかは、わかりませんでした。

十八世紀後半、ハーシェル（一七三八―一八二二年）によって描かれた宇宙図は、夜空の星の分布を調べあげ、星が円盤状《えんばんじょう》に集まっていることをあきらかにした画期的なものでした。

それから百五十年後、ハッブル（一八八九―一

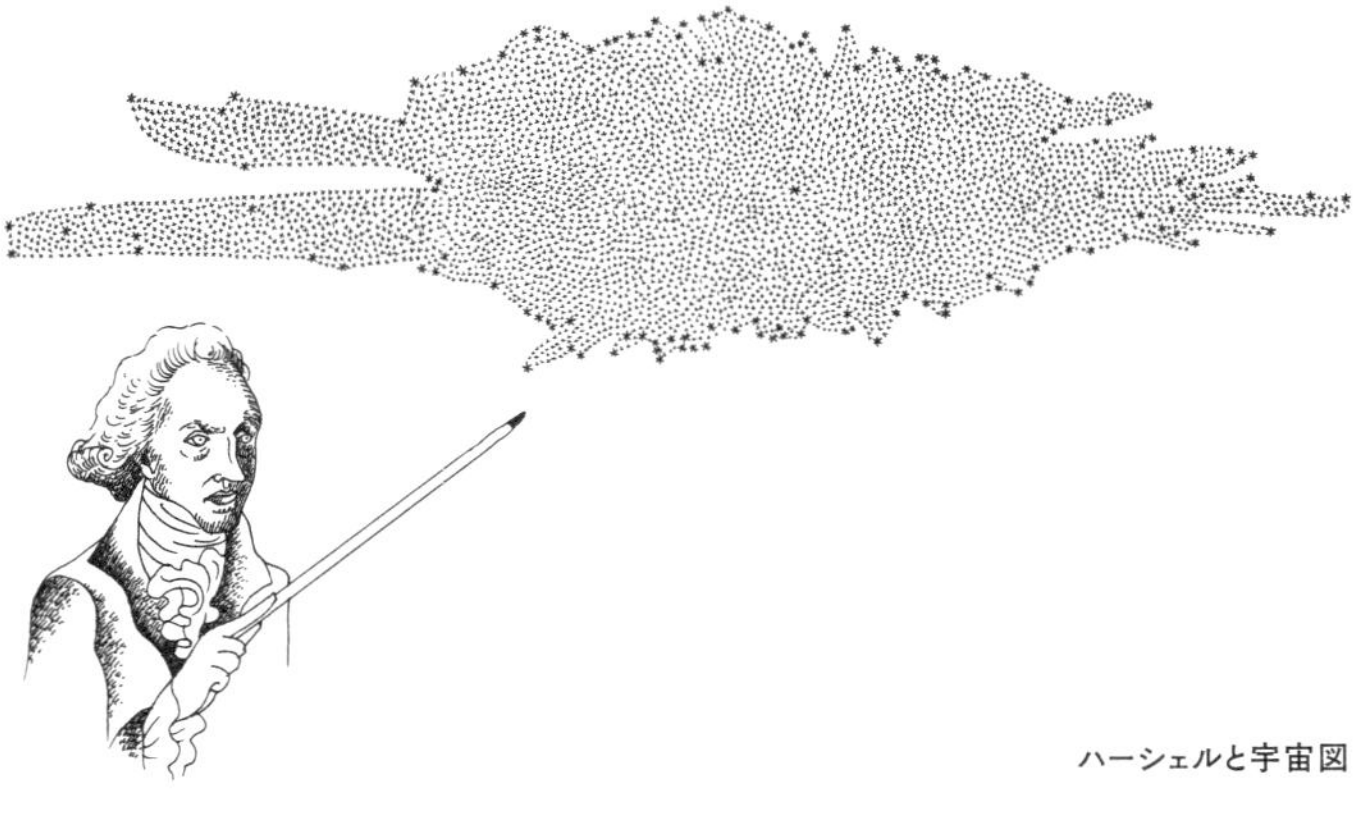

ハーシェルと宇宙図

≡チーズにできる気泡《きほう》の穴≡ スイスのエメンタールチーズなどに見られる穴は、発酵《はっこう》の過程でバクテリアが吐《は》き出す二酸化炭素が気泡になり、そのままの形で残ったもの。気泡の核《かく》となるのは、搾乳《さくにゅう》時に牛乳に混入した微量《びりょう》の干し草。現代の搾乳方法では、穴はほとんどできない。

九五三年)は、銀河のようすをあきらかにしました。わたしたちが住む天の川銀河、おとなりのアンドロメダ銀河とそのまわりを公転する小さな伴銀河《ばんぎんが》、これらをとり巻く二十個ばかりの銀河の群れへと、さらに宇宙空間の範囲を広げたのです。それは、彼《かれ》が望遠鏡で星々を何年にもわたって観測した成果でした。

それから七十年が経過し、そのあいだに観測技術は飛躍的《ひやくてき》に発展しました。いまや月の上のタバコの火さえ撮影《さつえい》できるといわれています(月の上でタバコは吸えません。たとえです。念のため)。

フィルムに銀河の光を焼きつけるアナログな方法にかわって、半導体を使って光を電子に変換《へんかん》し、その数によって記録するデジタル撮影が可能になり、五億光年の距離《きょり》までの銀河の分布図ができました。その分布図にはたくさんの点が打たれています。この一つの点が、一つの銀河です。この点々を結んでみましょう。そうすると……。そう、泡構造になるのです! 大きな泡だと、直径一億光年ほどになります。

これまで、固体・液体・気体が接することによってできる泡を考えてきました。この三態の違《ちが》いはそれを構成している粒、原子や分子のつながりや密度の違いです。宇宙では、物質を構成している粒《つぶ》、一粒一粒のかかわりが銀河なのです。

日本神話では、イザナギとイザナミが大地を矛でかき混ぜて日本をつくったとされていますが、銀河をつくった神様は、宇宙という石鹸水《せっけんすい》に、ストローで思いっきり息を吹きこんでぶくぶくとなるのを楽しんでいるかのようです。

なぜ、宇宙が、銀河を壁《かべ》とする泡構造になっているのかは、いろいろな仮説が立てられていますが、まだよくわかっていません。なにせ宇宙の大きさは百五十億光年あるのに、まだ五億光年分しかわかっていないのですから。

しかし、やはり泡は泡です。いま宇宙は、ビッグバン以来どんどん膨張《ぼうちょう》している途中《とちゅう》ですから、このまま膨張が続けば、宇宙の泡もはじけてしまいます。そうです。シャボン玉の膜《まく》がはじけるように、壁をつくっている銀河は飛び散ってしまうことでしょう。けれども、残念ながら、わたしたちはそれを確認することはでき

銀河の粒つぶを結んでいくと……

≡コーヒー殻《がら》で脱臭《だっしゅう》できるわけ≡ コーヒーを入れたあとの粉、コーヒー殻の内部は、たくさんの細かな空間が集まった構造をしている。この空間にある空気中の酸素が強い吸着作用をもつので、においのもとになる物質を引きつけることができる。その吸着力は活性炭の５倍とも。

ません。そうなるまで、あと一千億年はかかりそうですから。

泡としての宇宙の研究は、まだまだこれからです。

～そして泡《あわ》との日々は続く

こうして見てくると、わたしたちの世界は、じつに泡《あわ》だらけでした。でも、いったいなぜ？　そのことを考えてみましょう。

わたしたちの世界は、原子という粒《つぶ》でできています。けれども、それらの粒は均一に散らばっているのではなく、偏《かたよ》って存在しています。そして、その偏りのあり方が固体・液体・気体の三態、「相」を呈《てい》しています。

また、異なる相は、それぞれ独立して存在しているわけではありません。かならず、たがいに接していて、その境目では、わたしたちが想像もしつくせないほどの、さまざまなせめぎあいが起こっています。

その境目のせめぎあいで生まれるのが、泡なのです。つまり、世界中の相の境目があちこちで泡になっているのですから、この世界が泡だらけというのは当然なのです。

粒でできた世界が泡構造になっている――それだけのことで、おいしいビールやさわやかなサイダーを飲むことができて、洗いたての服を着て、断熱や防音にすぐれ、振動《しんどう》にも強い心地よい家に住むことができるのです。

泡の発見は、たとえば、ニュートンが万有引力の法則を見いだして星々の運行をすべて説明したような、アインシュタインが相対性理論を打ち立てたような、一人の天才によるものではありません。

おいしいパンをつくりたい、おいしいコーヒーを淹《い》れたい、洗濯物《せんたくもの》をきれいにしたい、軽くてじょうぶな壁《かべ》をつくりたい、そのようないわゆるふつうの人たちの思いから、泡の研究は進んでいったことでしょう。

また、ワインやシャンパンのおいしさを守るため、ずっと変わらず、黙々《もくもく》とコルク樫《がし》の皮をはぎ、やはり黙々とくり抜《ぬ》いてきた人たちもいます。

そのどちらであっても、泡にかかわった人たちは、倦《う》まずたゆまず、自分の使命を果たしてきたのでしょう。このような人びとの歩みは、けっして淀《よど》みに浮《う》かぶ泡沫《うたかた》のように儚《はかな》くはなく、これまでも、そしてこれからもずっと、しっかりとした歩みで続いていくことでしょう。そのおかげでわたしたちの生活が快適で豊かになっていくことを感謝しつつ、泡の話を終えたいと思います。

付録１

教科書ではいつ習う？

★――高校は、科目の選択が学校や生徒の進路により違います。

■水の三態、物質の三態

小４「金属、水、空気と温度」で温度と体積の変化、温まり方の違い、水の三態変化**《固体・氷、液体・水、気体・水蒸気》**を学習。中１では「身の回りの物質」や「状態変化」で固体や液体、気体の性質、物質の状態変化が粒子モデルを念頭に導入される。さらに状態変化と熱の関係、物質の融点と沸点、三態変化で体積変化はするが質量変化はしない、といったことを粒子の運動にも触れながら学習する。

さらに、高校化学基礎「物質の探究」と高校物理基礎「様々な物理現象とエネルギーの利用」で、熱について分子運動という視点から理解するさいに物質の三態にも触れる。

高校物理「様々な運動」で気体の分子運動、状態変化を学習。

高校化学「物質の状態と平衡」で状態変化、状態間の平衡、温度や圧力の関係を学ぶ。

一方、小４「天気の様子」で水の自然蒸発や結露について、水が水蒸気となって空気中にふくまれることや、空気が冷やされると水蒸気は水になって現れることを学習する。さらに中２「天気の変化」においては霧や雲の発生に関して、気温の低下で大気中の水蒸気が液体の水になった霧や、大気の上昇にともなう気温の低下**《断熱膨張》**で雲が生ずることなどを学ぶ。

■細胞の観察

中１「植物の体のつくりと働き」をもとに、中２「生物と細胞」で、生物はどれも細胞からできていること、さまざまな形の細胞があり、共通な基本構造があることなどを学ぶ。

高校生物基礎「生物と遺伝子―生物の共通性と多様性」で原核生物や真核生物を観察し、高校生物「生命現象と物質―細胞と分子」で細胞の構造について学ぶ。

■水溶液

小５「物の溶け方」で、ものが水に溶ける量には限度があること、ものが水に溶ける量は水の温度や量、溶けるものによって違うこと、またこの性質を利用して溶けているものをとりだすことができることを学ぶ。

小６「水溶液の性質」で、水溶液には気体が溶けているものがあることを学習する。

中１「水溶液」で、水溶液の中では溶質が均一に分散していることを見いだす。

高校化学「溶液と平衡」では気体の溶解度について、一般に溶液の温度が高いほど

小さくなること、さらに気体の圧力と溶解度のあいだに成り立つヘンリーの法則について学ぶ。

■気体の発生

小6「燃焼の仕組み」で、燃焼の学習にともなって、酸素や窒素、二酸化炭素といった気体があることを学ぶ。

中1「気体の発生と性質」では、二酸化炭素、酸素、窒素、水素、アンモニアなどの気体を発生させ、その性質を学習する。また、身近な材料から発生する気体の正体をあきらかにする実験もおこなう。

中2「物質の成り立ち」では、化学変化の例として炭酸水素ナトリウムが、炭酸ナトリウムと二酸化炭素、水に分解されることをとりあげ、その変化を利用したカルメ焼きをつくる実験もおこなう。

■界面活性剤

高校化学「有機化合物」の中の「脂肪族化合物」のひとつとして、石鹸について学習する。分子中に疎水基と親水基をあわせもつ物質を界面活性剤といい、表面張力を低下させる働きについて、さらに汚れを落とすメカニズムについて学ぶ。実際に石鹸をつくり、その性質を調べる。

■水素結合

高校化学「物質の状態とその変化」で、分子間力について学び、ファンデルワース力だけでなく、水分子には水素結合があること、さらにタンパク質やナイロンなどの高分子化合物においても水素結合があることを学習する。

■火山

小6「土地のつくりと変化」で、火山の働きでできた地層の特徴や、マグマと岩石について学ぶ。

中1「大地の成り立ちと変化」で、火山噴出物について学習する。

高校地学基礎「火山活動と地震」で、火山噴出物には溶岩のほかに火山ガスと火砕物があり、軽石は火砕物であることを知る。

■宇宙

中3「地球と宇宙」では、太陽のような恒星が集まって銀河ができていることを学ぶ。

高校地学基礎「宇宙の構成」で、宇宙のはじまりであるビッグバンから現在に至るまでの宇宙の歴史と、宇宙の構造、わたしたちが住む銀河系の構造について学習する。

付録2 おすすめ関連図書

『人魚姫』（アンデルセン＝著、各社、1836年発表）
泡といえば、真っ先に思い浮かぶお話です。あまりに悲しい結末に、おすすめしていいものかどうか迷うところですが……。

『シャボン玉の科学〈新装版〉』（ボイズ＝著、野口広＝訳、東京図書、1987）
ファラデー『ロウソクの科学』と同じように、イギリスの物理学者、チャールズ・バーノン・ボイズによるクリスマス講演から生まれた名著です。石鹸の膜がもつ特性について、シャボン玉の泡を題材にわかりやすく解説しています。絶版ですが、図書館などで読めます。

『シャンパン 泡の科学』（ジェラール・リジエ‐ベレール＝著、立花峰夫＝訳、白水社、2007）
シャンパンの泡を科学的に解明した、などとひと言でかたづけられない本です。わかりやすい解説と、豊富な写真や図もさることながら、題材のせいでしょうか、とてもおしゃれな雰囲気の漂うつくりになっています。この本を読んだあとに飲むシャンパンはほんとうに味わい深いものになります。

『水とはなにか――ミクロに見たそのふるまい〈新装版〉』
（上平恒＝著、講談社ブルーバックス、2009）
泡を構成するうえで重要な鍵を握る水の性質を、専門的ながらわかりやすく解説。どちらかというと化学の立場からの説明になっているので、物理学者のわたしたちの本とは別の視点をあたえてくれます。命を支える物質でもある水の姿がよくわかる本です。

『宇宙は卵から生まれた』（池内了＝著、大修館書店、1997）
宇宙を題材に、物理の理論をじつにわかりやすく解説しています。泡理論について、著者独自の見解も述べられています。

『コーヒーの歴史』（マーク・ペンダーグラスト＝著、樋口幸子＝訳、河出書房新社、2002）
『コーヒーが廻り世界史が廻る――近代市民社会の黒い血液』
（臼井隆一郎＝著、中公新書、1992）

いずれも、コーヒーが世界に普及していった歴史を、政治や経済にどう影響していったかという立場で描いています。さまざまな食品の流通が、太古より世界のあり方を変えてきましたが、コーヒーも嗜好品として宗教に絡み、政治の変革を加速させる役割を果たしてきました。その歴史に興味が尽きません。

『檻』（北方謙三＝著、集英社文庫、1987）
裏社会から足を洗い、小さなスーパーを営む主人公・滝野に絡む事件。ふたたび危険な世界に身を投じるのか……と、ハードボイルドの王道を行く長編小説です。第2回日本冒険小説協会大賞の国内部門大賞を受賞。滝野の妻が経営する喫茶店でコーヒーを入れる場面がとても印象的で、小説に欠かせない小道具になっています。

『大江戸神仙伝』（石川英輔＝著、講談社文庫、1983）
こちらはSF小説で、現代の東京から江戸へタイムスリップした男の話。シリーズで複数あり、どれも楽しいです。SFではあるものの、むしろストーリーにかこつけた江戸の文化を味わう本。描かれた江戸の美しさに胸を打たれます。本書では、主人公が江戸でできた恋人の芸者に、現代から持ってきた口紅や白粉にあわせて石鹸（シャボン）を贈ります。

『杉山きょうだいの しゃぼんだまとあそぼう』「かがくのとも傑作集」シリーズ
（杉山弘之・杉山輝行＝文と構成、吉村則人＝写真、平野恵理子＝絵、福音館、1993）
いろんなシャボン玉が、かわいい子どもたちの写真といっしょに見られる絵本。じょうぶなシャボン液のつくり方も紹介されているので、子どもはもとより、大人の方も童心にかえってぜひ試してみてください。

『ぶくぶくあわあわ』
（早坂優子＝作、國末拓史＝原作、いがわひろこ＝絵、視覚デザイン研究所、2010）
『おふろだいすき』「日本傑作絵本」シリーズ
（松岡享子＝作、林明子＝絵、福音館書店、1982）
どちらの絵本も泡ざんまい！　こうしてみると、泡はわたしたちの生活のなかで、楽しい、心温まる記憶につながっていることが多いのですね。

「ラムネ氏のこと」（坂口安吾＝著、各社全集・短編集などに収録、1941年発表）
高校の国語の教科書にあった覚えのある方もいらっしゃることでしょう。ラムネの瓶の開発やフグの調理などに生涯を捧げた、名もなき人びとを評価する姿勢に、共感します。

著

田中　幸　たなか・みゆき

岐阜県生まれ。晃華学園中学校高等学校理科教諭。物理教育学会会員。中学校理科の教科書執筆者。

結城千代子　ゆうき・ちよこ

東京都生まれ。大学講師。晃華学園マリアの園幼稚園園長、物理教育研究会会員、比較文明学会会員。小学校理科・生活科、中学校理科の教科書執筆者。

二人は大学時代からの同志。コンビ名は「Uuw：ウンウンワンダリウム」（自称）。15年にわたり、子どもたちが口にする「ふしぎ」を集め、それに答えていく『ふしぎしんぶん』（ママとサイエンス　http://science-with-mama.com/）を発行する活動を続ける。共著者・共訳者として、科学読物の執筆・翻訳を多く手がける。著書に『天気のなぞ』（絵本塾出版）、『新しい科学の話』（東京書籍）、『くっつくふしぎ』（福音館書店）など、訳書に「家族で楽しむ科学のシリーズ」（東京書籍）など。

絵

西岡千晶　にしおか・ちあき

三重県生まれ。漫画家。実兄との共同ペンネーム「西岡兄妹」の画を担当。コミックに『新装版地獄』（青林工藝舎）、『神の子供』（太田出版）、『カフカ』（ヴィレッジブックス）など、絵本に『そっくりそらに』（長崎出版）など多数。

ワンダー・ラボラトリ 04

泡のざわめき

2015年7月15日　初版印刷
2015年8月10日　初版発行

著者……田中 幸・結城千代子
絵……西岡千晶
ブックデザイン……成瀬 慧
発行者……北山理子
発行所……株式会社太郎次郎社エディタス
東京都文京区本郷3-4-3-8F　〒113-0033
電話 03-3815-0605
FAX 03-3815-0698
http://www.tarojiro.co.jp/
電子メール tarojiro@tarojiro.co.jp
印刷・製本……シナノ書籍印刷

定価はカバーに表示してあります
ISBN978-4-8118-0777-5　C0040

ワンダー・ラボラトリ

結城千代子・田中幸＝著　西岡千晶＝絵

好評既刊のご案内

01 ｜ 粒でできた世界

肉眼では見えない原子。
その存在は、すこぶる大きい。

2枚のスケッチの表現方法を手がかりに、ミクロの世界を探究するⅠ章「世界を粒で描く」。ジュースを押しあげる力の正体に迫るⅡ章「一本のストローから」。原子と大気圧をめぐる一冊。

●112頁

02 ｜ 空気は踊る

空気が動くとき、
風が起こり、真空が生まれる。

自然の風と人が起こす風、その原理と利用方法をたずねるⅠ章「風はどこから」。真空をキーワードに、吸盤がくっつく秘密を解き明かすⅡ章「タコの吸盤の中で」。空気と真空の関係とは？

●96頁

03 ｜ 摩擦のしわざ

動こうとすると現れる、
かけがえのない邪魔もの。

マッチの発火も、バイオリンの音色も、人が歩けるのも、すべて摩擦のしわざ。日常のいろんな場面に顔を出すこの現象に、人々は魅せられてきた。あってもなくても困る、謎めく力の探究。

●112頁

四六判上製・本体1500円＋税（各巻共通）